市政给排水工程技术研究

崔晓英　著

天津出版传媒集团
天津科学技术出版社

图书在版编目（CIP）数据

市政给排水工程技术研究 / 崔晓英著. -- 天津 : 天津科学技术出版社, 2023.11
ISBN 978-7-5742-1666-2

Ⅰ. ①市… Ⅱ. ①崔… Ⅲ. ①市政工程－给排水系统－研究 Ⅳ. ①TU99

中国国家版本馆CIP数据核字(2023)第208452号

市政给排水工程技术研究
SHIZHENG JIPAISHUI GONGCHENG JISHU YANJIU

责任编辑：刘　磊
责任印制：兰　毅

出　　版：天津出版传媒集团
　　　　　天津科学技术出版社
地　　址：天津市西康路35号
邮　　编：300051
电　　话：（022）23332399
网　　址：www.tjkjcbs.com.cn
发　　行：新华书店经销
印　　刷：河北万卷印刷有限公司

开本 710×1000　1/16　印张 13.75　字数 230 000
2023年11月第1版第1次印刷
定价：88.00元

前　言

我国是一个人口众多的国家，既是一个农业大国，又是一个工业化强国，对水的需求量非常高。我国的外企也很多，他们把工厂设在我国，这就导致我国需要大量的水资源。但我国水资源较为紧张，人均水资源分配率小，因此许多城市面临缺水、地下水污染等问题，加上很多城市的市政给排水工程设计欠佳，缺乏科学依据，实用性较差，由于各种原因，对我国城市建设和发展产生了一定的影响。

市政给排水工程是城市建设的重要组成部分，市政给排水工程建设的优良程度，很大程度上决定了居民的生活质量，制约着经济的发展，可以极大减少自然灾害的发生，同时也发挥了不可忽视的作用。市政给排水工程的建设能减轻强降雨对城市造成的不利影响，还能保证居民活动的安全性，保证城市经济效益不受损失。随着我国城市化进程的迅速发展，家庭和工业废水的数量也在增加，这对城市的环境有着巨大的影响。市政给排水工程可以收集和集中废水进行统一处理，有效地减少城市内的污水。水资源在我们日常生活中尤为重要，但随着其使用率的提高，可能会导致缺水现象的出现。因此，节约用水是当前城市发展的主要方向，而市政给排水工程可以确保水资源的循环利用，减少水资源使用的紧张程度。

市政给排水工程设计理念体现在保温改造、雨污水回收再利用、节能节水设备设计三个方面。首先，有效做好供水管道保温，可以节能降耗，提高管道运行效率，确保人们的用水安全。所以在热水供应系统中加强水保温极为重要。其次，建筑设计时都需要充分考虑雨水收集系统，将雨水回收不仅能改善水资源，也能改善人们的生活条件。雨水处理后主要用于绿化植物浇灌、道路清理等，可以有效地增加城市内水资源的利用率，是城市市政给排水工程设计的一个重要部分。最后，采用节能节水设备、阀门和管道，是市政排水设计的关键，以前使用的阀门和管道在一段时间内会生锈变形导致漏水，因此，设计给排水管道时采用新型的优质管道材料，可避免生锈漏水现象的发生，保证饮用水安全。

目前，随着我国城市化进程不断加快，市政建设工程任务越来越艰巨。因此，市政给排水工程质量不容忽视政府部门与相关的施工企业应引起高度重视。施工企业应积极引进先进的施工技术、应用新型节能材料、使用先进机械施工设备等，还应加强施工人员的培训工作，提升施工人员安全施工意识，最大限度地满足施工要求，保证施工工作安全性。

本书共有九个章节，系统介绍了市政给排水工程技术研究。第一章为市政给排水设计应用研究，介绍了市政给排水设计现状及优化、BIM 技术在市政给排水设计中的应用；第二章分析了市政给水施工技术研究的情况，对市政给水管道施工技术应用、市政节能给水技术应用、市政给水管道施工质量控制等内容进行了论述；第三章阐述了市政排水施工技术研究的相关内容，介绍了市政排水工程施工工艺流程、市政排水管道施工中导向钻进施工技术应用、市政排水管道施工质量控制等内容；第四章为城市再生水利用研究，从理论出发，介绍了城市再生水系统优化、再生水利用的现状与发展，以及再生水处理工艺；第五章阐述了当前市政污水处理技术研究的情况，介绍了市政污水处理厂污泥的处置与利用、市政污水处理厂施工管理、市政给排水工程污水处理技术；第六章为市政给排水工程造价风险控制研究，介绍了工程造价风险管理理论、市政给排水工程造价风险概述、市政给排水工程造价风险控制措施的相关内容；第七章为市政给排水工程建设质量监督体系的优化研究，介绍了市政给排水工程质量监督相关概述、市政给排水工程建设质量监督现状及优化；第八章介绍了海绵城市理念在设计中的应用研究，对海绵城市建设要素、海绵城市理念概述都进行了详细介绍，同时分析了海绵城市理念在市政给排水设计中的应用，有着十分积极的指导意义；第九章，作者对市政给排水规划设计及未来进行了展望，并介绍了市政给水排水工程规划设计、市政给水排水工程规划管理、市政给水排水工程规划设计设想及建议的相关内容。

由于作者水平有限，书中难免存在不妥及疏漏之处，敬请同行与读者予以批评指正。

目录

第一章　市政给排水设计应用研究

第一节　市政给排水设计现状及优化

众所周知，我国的人口数量众多，在生活中需要消耗大量的各项物资，来确保生产生活可以正常进行。根据市场调查，每户人家每天需要使用很多水并制造出大量的生活污水，这些污水直接进行排放，不仅导致国家的水资源在逐渐被浪费，没有得到合理的利用，同时污染环境。让地方经济的发展受到了制约，使宏观经济的发展受到了阻碍。

现如今，为了国民经济的发展，不能将这种浪费水资源现象放任不管，需要对人们的生活习惯进行约束，使人们可以养成良好的用水理念，进而使国家实现可持续发展，企业在施工中需要将促进水资源的使用率以及节约水资源的观念放在工作的首要位置，要求员工按照这种观念进行工作，避免在工作期间造成水资源的浪费，保证后期的工作可以正常使用并达到目标效果。

水资源不管是对人们的生活，还是对大自然的环境都有着重要的作用。水是生活中的必需品，如果人们的生活中缺少水资源，那么生活将会发生极大的变化，也给生活带来了拮据，可见，水资源对国家的重要性。为了能够缓解这种现象不再继续发展，国家大力宣传水资源的重要性，使人们开始对节约用水这件事情引起重视，不要在生活中继续浪费宝贵的水资源。节约用水还会使人们养成良好的生活习惯，减少污水的排放量，使人们生存的环境更加美好。

此外，在农业生产中，由于农民使用化肥，加上周边工厂的废水排放，都会对水资源、土壤进行污染，导致水资源利用率下降，形成短缺的现象。因而在建设工厂的同时需要把水污染的问题放在首位，使整个工程围绕环保理念进行施工，防止污染的发生。如今一些工厂将排放处理的废水进行过滤，对其中的有害物质进行分解，再将这些过滤后的水进行存放，运用在其他生产环节需要的地方中。这样做不但节约了水资源，而且减少了水污染，使水资源的利用问题得到一定的改善。

因此，市政给排供水工程的合理建设会给人们的生活带来便利，不仅使人们再也不用因为用水的事情而发愁，从而提高了人们的生活水平。

一、市政给排水工程合理设计的重要性

自古以来，人类的生存就与水资源息息相关，是万物生长的根基，也是人类得以延续发展至今的重要源泉。在新时代背景下，要重视水资源的节约利用，因为只有这样，才能为子孙后代的未来发展，提供可持续的动力。

市政给排水工程是市政工程的一个分支，相对于其他的专业工程，市政给排水工程有其自身的特点，体现在以下几个方面：

综合性。由于市政给排水工程建设的占地范围广，小则几公里，大则几十甚至上百公里，而且其建设位置多处于城市交通道路下，有的甚至需要穿越大厦、桥梁。所以，这就使得一项市政给排水工程的实施，不仅要进行项目的勘察、设计和施工，还要进行地质勘察、水文勘察、地上地下物探查以及周边调查等许多工作。任何一个环节的实施，都要进行精心的安排和全面地考虑，还要从项目全局出发，考虑其综合性。

社会性。市政给排水工程的建设一般由政府投资，少则几千万，多则上亿，建成后服务于社会大众。而且，工程建设大多处于城市之中，建设期间会对社会交通、环境保护，以及周边居民生活产生一定的影响。所以，社会各界与大众的支持是保证工程顺利实施的必要条件。

系统性。任何一项建设工程都是系统工程，市政给排水工程也不例外。由于其建设地理位置的特殊性，决定了其与社会接触的繁杂性，不仅要受周边环境的制约，还要受相关部门、相关制度的约束。再者，市政给排水工程施工作业程序多，作业面交叉大，而且大多又是地下深基坑及深槽作业，危险性大。因此，此类工程必须在施工前做好详细的计划及统筹安排，全面地、系统地考虑好施工给社会各界带来的影响。

动态性。任何一项工程建设都是有差异的、动态的，市政给排水工程也如此。因为不同的市政给排水工程所处的地理位置不相同，所以不同的工程就会面临不同的人文环境、气候条件以及政策制度等等。即使在同一

座城市的不同地方施工，地质及水文条件以及周边环境也会大不相同。而且，一项市政给排水工程的施工少则几个月，多则几年，这种时间上的持续会带来很多的变化，比如：建设标准与要求的变化等。再者，一项工程的实施需要众多的参与方，也可能带来了很多的不确定性，比如，投资方的变化。所有都是动态的、变化的，都会给工程建设带来不确定性和风险。

大规模地建设市政给排水工程，自然就少不了前期的设计规划工作。毫不夸张地讲，前期设计至关重要，设计就是领头羊，后续的一系列施工进展，都需要领头羊的带头才能实现。而且市政给排水工程具备非常复杂的特点，设计工作的实施，不能只是单一考虑到某一个层面或者是某几个专业，而是要做到宏观统筹，精准规划和分析。设计人员切忌盲目信任自身过往的设计经验，因为不同的工程，往往有不同的设计内容，整体设计方向也有着千差万别，就需要设计人员全面调查和分析，做好规划工作。不仅如此，更要对当地人们的生活特点和习俗、地质环境等进行深入了解，将这些全面统筹到位，才能实现科学设计。后续不论是施工也好，还是管理也好，只有完备且合理的设计，才能有依据，有指导方向，整体的工程进展才能达到事半功倍的效果。

二、市政给排水工程设计中的现存问题

（一）建设规划不合理

市政给水与排水系统是一个庞大而复杂的系统工程。不仅要将整个城市的现状与城市的其他基础设施建设相联系，还要考虑到城市所处区域的气候环境，具体包括降雨量、建筑物分布、管道线缆和人口需求等诸多方面的问题。在现实生活中，因为各种原因，在设计图纸和实际工程的建设过程中会产生一些偏差，比如，设计图上存在的错误、对现实的考虑不够等等，这些都会导致工程量的增长，从而导致工程的进度被延迟和延长，影响到工作的效率。与此同时，随着城市化进程的加快，城市人口出现激增的现象，城市的建筑也在每天发生着变化，各种设施也在逐步地变得更加健全，因此，市政给排水系统应该能够满足市民的用水需求，也应该能够满足工业用水的需求。此外，还应该以可持续发展的要求为依据，综合考虑各种因素，设计出能够对水资源展开合理回收利用的设施，从而推动整个社会发展的进程。

（二）排水管网的管道选材不够合理

如果城市排水系统在短时间内频繁出现故障，那就表示排水系统出现问题。可能是管材的品质不好，导致废水无法及时排出，对整个生态系统有很大的影响。这是由于在选择管道材料的过程中，设计者一般都会根据客户的需求和地方的应用习惯来选择，没有对地勘报告和地方厂商的管道技术进行认真地分析，从而忽视了管材与地方的地质情况的不一致。因此，会发生有时管子用了五六年就出现故障的情况。譬如，有些地方的硫酸盐浓度比较高，如果是用钢筋水泥管道的话，必然会受到严重的侵蚀，从而降低管道的使用寿命，导致管道渗漏，甚至路面坍塌。另外，如果是经过检验的管线，在建设的时候，管道在回填，压实时也会受到一定的损伤，而且，随着时间的推移，其他管线也会相应受到损伤与影响。

（三）污水排水系统的现存问题

排水系统分为两个部分：污水处理系统和雨水处理系统。城市污水包括生活污水、工业废水和径流污水，如果废污水的排放被阻挡，不能正常进行，就会对城市产生水质污染和其他负面影响。当工业废水排水系统发生故障，造成废水溢流，水中的污染物，重金属，腐蚀性物质进入到生活用水中，会对人的身体健康，生命安全产生极大的危害，同时，它们进入到土壤，也会对生态环境和植被生长造成极大的危害。当降雨排水体系发生故障，不仅会引起洪涝灾害，而且还会对道路的通行造成不利的影响，对人们的生命健康造成了极大的威胁。若城镇中仍然使用着以前陈旧的雨污合流排放方式，雨水和污水没有分开处理，则会对人们的生产和生活产生危害，加大了废水的处理工作量，也提高了处理的成本。随着城市的发展，下水道的排水量也会随之增加，因此，必须从永续发展的需求出发，将雨污水进行回用。在这种情况下，应当对城市中的老旧排水系统进行改建，将雨水和污水分流，将污水导入到污水处理厂并对其进行净化处理，处理后的污水进行再利用，雨水则直接排放入河道。

（四）雨水管道的规划问题

城市雨水管网在施工前对现有污水管网状况的调研不足，就会造成管网管径和排水管网设计不科学，乃至出现偏差。城市建筑物庞大，造成了绿地的具体占用空间相对较小，特别是在一些工业园区，这一问题非常突出。不仅会造成在设计区域中，集水区的实际产流量比雨水排水管道的设计产流量要大得多，导致雨水管道的排水压力增大，从而造成了路面积水特别严重，进而导致发生内涝的可能性不断增大。一般情况下，降雨过程在5—15分钟之间，应采用降水强度的计算方法。所以，在进行雨水管的设计之前，一定要综合考虑各方面因素，并采用科学的方式进行具体的设计。

三、市政给排水设计的优化

（一）确保设计与城市规划之间的协调

在对城市进行整体地规划过程中，各地政府会根据城市的实际情况、城市先天的优势，以及城市将来的发展方向等一些相关方面的内容来制定科学的发展政策。因此，城市给排水系统的设计人员在进行正式的设计之前，应该对城市的整体规划情况进行充分的了解与掌握，同时为了能够更好地完成给排水的设计工作，设计人员还需要掌握城市的特点，根据城市内不同地区的实际需求制定具有针对性的给排水设计方案，这样才能在最大程度上充分发挥出城市给排水系统的积极作用与价值。为了能够保证给排水的设计方案与城市发展的整体规划保持一致，还需要在城市总体的规划过程中强化给排水专项的规划，从而不仅可以使水系与管网设施的建设规模相协调，同时还能与实际的运行计划相吻合，确保做好规划阶段内的管理工作，全面确保能量管网与给水、排水以及污水净化功能之间的有机结合与协调的发展。

（二）提高可持续发展意识

随着社会经济文化的快速发展，我国的科学技术水平也在逐渐地上升，人们的文化程度与思想意识也有所提高，无论是在日常的生活中还是生产当中都会对节能环保的发展理念引起高度的重视，对保护环境的问题越来越关注，也希望社会能够朝着可持续发展的状态运行。因此，为了能够使市政给排水系统的建设更加科学高效，在市政给排水系统的设计过程中应该逐渐提高可持续发展的建设意识。

人们所处的自然环境中的水资源是可以实现重复利用的，城市在发展过程中为了能够满足城市居民的用水需求以及企业发展的需要，会对自然界中的水资源进行合理利用。首先，需要经过专业的净水处理，然后才可以将这些城市污水进行回收利用，使经过加工处理后的水资源的质量符合相关标准，也就是能够达到自然界自行处理的范围之内，才可以有效避免出现污染的情况。

由于我国人口基数庞大，而且城镇化进程逐渐加快，所以在日常生产生活中所形成的污染物质也越来越多，这些污染物质如果没有经过专业的加工处理就被随意排放到自然界中，那么不仅会对水资源的质量造成一定的影响，超出自然界自身的净化能力，还会对水资源的良性循环造成严重的负面影响，并且也不利于生态环境的保护。因此，为了能够有效解决水资源的污染问题，负责城市给排水系统建设的部门在设计过程中应该秉持现代化发展理念，在实际的设计过程中不仅需要确保设计的科学合理性，同时还要具有非常高的生态优先意识，强化对水资源的处理，从而实现自然界水资源的可重复利用。除此之外，城市给排水系统的设计人员在进行设计的过程中还应该坚持因地制宜以及城市综合一体化的原则，在最大程度上确保市政给排水系统的设计与布局更加合理化。另外，在对给排水系统进行设计的过程中，也可以增添污染控制子系统，这样可以有效起到减少污染物排放的目的，进一步提升排水的质量，全面保护水资源。

（三）管网布置设计的合理性

在对管网布置的设计过程中，给排水工程的设计人员需要结合管网的具体路线以及地形的走向进行设计，使管网的走向能够与地形的走向保持一致。通过相关调查可以发现，在对管网的设计过程中通常都是以边坡排水方式为主。由于城市内部地形大多复杂多样，高低走向不同，所以在一些埋深较浅或者管道不是特别长的地区，应该尽可能使污水能够实现重力流的状态。此外，在对管网进行设计的过程中，还应该注意在整个排水区域的底部设置主管，并且在设置水平支管的过程中，应该确保水平支管的坡度与地面能够保持一致。如果施工地区的地面比较平坦且选择使用的是小流量的水平支管，则需要与等高线垂直敷设，主管可与等高线平行敷设，同时必须避免管道埋深过大。

（四）合理应用现代化技术

在科学技术高速发展的社会现代化背景下，各行各业在发展过程中都会结合自身的实际情况合理地引用现代化技术提高企业的生产效率。随着社会的不断进步以及城市的快速发展，我国城市给排水系统的建设也在不断地进行创新。正常情况下，城市在进行给排水系统的建设过程中都会与城市道路的建设同步进行。因此，负责城市道路建设的工作人员以及负责城市给排水系统建设的工作人员应该结合实际的情况与自身的设计内容，对各自设计的方案不断地进行创新与调整，然后在后续的实际的施工当中也需要保持良性的互动，结合实际施工的要求对各自的设计内容进行更改优化。

在传统的设计过程中，面对给排水工程设计图纸与实际施工不符的情况，只能通过手动的方式进行调整，这种方式不仅工作效率低，经常会造成建设工程延期的问题，并且还需要使用大量的人力和财力，不仅影响到周边居民日常用水的需求，同时也不利于建设过程中实现更大的经济效益。因此，在信息化时代背景下，城市给排水系统的建设单位在设计的过程中可以结合现代化信息技术与网络技术，全面提高工作效率，在确保建设工程质量的同时，将施工周期缩至最短，节省建设工程的施工成本，实现企业的经济效益最大化。

通过对网络技术与信息化技术的应用，还能提高设计人员的工作效率以及设计的科学性，因为对信息技术的合理应用可以帮助设计人员在实际的设计过程中掌握更加准确的数据信息。除此之外，在网络技术与计算机技术的支持下，还可以促进城市道路建设人员与给排水系统的设计人员之间的交流与沟通，双方结合实际的施工进度不断地调整设计内容，这样可以在最大程度上促进城市道路建设与给排水系统建设能够实现同步发展的目的。通过采用 BIM、CAD 设计技术，不仅能够给市政给排水系统的建设提供较大的便利性，促进城市化水平的进一步提升，同时能在最大程度上确保城市居民的生活用水需求以及企业生产用水的需求，全面提高城市居民的生活质量。

第二节　BIM 技术在市政给排水设计中的应用

2002 年，Autodesk 公司收购三维建模软件公司 RevitTechnology，首次将 Building Information Modeling 的首字母连起来使用，成为如今广为人知的“BIM”，BIM 技术也开始在建设项目管理中得到了普遍的、深度的应用。值得一提的是，类似于 BIM 的理念同期在制造业也被提出，并在 20 世纪 90 年代实现应用，推动了制造业的科技进步和生产力的提高，塑造了制造业强有力的竞争力。

BIM 的核心技术特点主要是可视化效果较好，可有效运用于市政管理的给排水管道设计中，相关的施工人员、管理人员和设计人员都可以根据 BIM 技术提升给排水管道的设计方案，使之更具备精准化。BIM 技术为城市现代化建设发挥更大的作用，使排水管道的设计更加详细，更加具体，也更加科学。在绘制给排水管道的设计图纸过程中，基本的运行路线可以通过 BIM 技术有所展现，实现结合实际的施工要求运行模型结构，还可以不断增加或者调整原来市政建筑给排水管道的设计，并以此提升管道设计的新方案实施效果。

BIM 技术主要是通过信息建模的方式设计与呈现，这种特性造就 BIM 在市政给排水设计中具备可视化的特性。当前，市政给排水系统多数都埋于地下，其中存在着较多的不确定因素，再加上设计图纸多以平面或二维的形式呈现，在建设时想要完全掌握区域内的地形构造以及建设要点，相关人员需要结合大量的实践经验，而借助 BIM 三维建模的方式，设计人员可通过模型得出效果图并与参建部门分享，提高工程整体的决策能力。

市政给排水是一项大型综合性建设工程，其中的给水与排水系统不仅要保障城市居民用水系统的稳定性，还要负责对工业污水进行处理和雨水的收集及排放等工作，管道系统错综复杂。在施工过程中经常会出现一些未知的挑战，受空间、时间以及条件的限制不能及时解决的情况时有发生。

通过 BIM 技术可将施工前周围所有环境中的影响因素输入进模型之中，并得出合理的信息，设计人员也可通过得出的结果与参建人员共同讨论及研究，增加工程布置的协调性以及时效性。BIM 技术在设计中不仅可以模拟给排水系统，还可以还原真实世界中无法操作的事物。设计人员可利用其特点，对安装过程模拟实验，从而为施工过程提出合理性的建议，并可以帮助工程管理人员进一步掌控工程进度和建设资金的投入，对部分风险作业也可加以防范。设计环节是整个给排水系统的基础，只有将设计把控好才能够实现对施工质量的控制与优化。基于 BIM 技术以上特点，设计人员可在其中发现设计中所出现的问题与缺陷，便于及时改正，并可实现局部的调整与优化。

一、BIM 技术的概念

通常建筑业与其他标准化制造企业相比，生产效率低，其中一个主要原因就是标准化、信息化、工业化程度低。而 BIM 的理论基础是基于 CAD（计算机辅助设计）、CAM（计算机辅助管理）技术的传统制造业的计算机集成生产系统（CIMS）理念和以产品数据管理（PDM）与产品信息交换标准（STEP）为标准的产品信息模型。近十年来，BIM 技术正以传统二维 CAD 模型应用为基础快速成长为一种多维（3D 空间、4D 进度、5D 成本）

模型信息整合技术，它能够使工程的每个参与者从最初的项目方案设计一直到项目的使用年限终止期间，都可以通过项目模型使用信息或利用信息使用模型。这就从本质上转变了工程管理者仅仅依据单一的符号文字和抽象的二维图纸进行工程项目管理的低效管理方法，大大提高了管理人员在工程的整个寿命周期的管理效率和效益。

BIM 是一种技术、一种方法、一种过程，它不仅包含了工程项目全生命周期内的信息模型，而且还包含作业人员的具体管理行为模型，通过 BIM 技术，管理平台将两者的模型进行整合，从而实现工程项目的集成管理应用。BIM 技术的出现将引发整个建筑、工程和施工行业（Architecture, Engineering, and Construction, 简称 AEC）领域的第二次革命，给建筑业带来了巨大的变化。

一般认为，BIM 技术的定义包含了以下四个方面的内容。

第一，BIM 是一个建筑设施物理属性和功能属性的数字化描述，是工程项目设施实体和功能属性的完整描述。它基于三维几何数据模型，集成了建筑设施其他相关物理信息、功能要求和性能要求等参数化信息，并通过开放式标准实现信息互用。第二，BIM 是一个共享的数据库，实现建筑全生命周期的信息共享。工程的规划、设计、施工、运行维护各个阶段的相关人员都能从中获取他们所需要的数据。这些数据是连续、即时、可靠、一致的，为该建筑从概念设计到拆除的全生命周期中所有工作和决策提供可靠依据。第三，BIM 技术提供了一种应用于规划设计、智能建造、运营维护的参数化管理方法和协同工作过程。而且这种管理方法能够实现建筑工程不同专业之间的集成化管理，还能够使工程项目在其建设的每个阶段都能大大提高管理效率和最大程度减少损失。第四，BIM 也是一种信息化技术，它的应用需要信息化软件。在项目的不同阶段，不同利益相关方通过在 BIM 模型中提取、应用、更新相关信息，并将修改后的信息赋予 BIM 模型，支持和反映各自职责的协同作业，以提高设计、建造和运行的效率和水平。

二、BIM 技术的特点

（一）可视化

可视化特点是 BIM 技术在工程项目设计领域内最显著的特点之一，指的是在应用过程中所体现出的能见性，其所构建的三维模型能更加直观地看到工程内部的实际结构，而不是通过二维模型中简单的线条进行展现，这样可以给工程的设计与施工提供极大便利。在以往市政道路给排水设计中，工作人员通常使用CAD作为设计软件，对项目进行二维展示，施工图纸上也只是平面线条、纵断面图，其中大量的工程结构设计都需要进行一定程度的联想，需要施工技术人员、管理人员具备一定的经验才能理解其中的设计意图，很难直观地将一些数据信息进行反馈。对于建筑中较为复杂的部分，工作人员很难通过想象完成工程实体的构建，并且伴随现场工程结构逐渐复杂化，只是依赖于人们的想象不免会出现效率降低甚至施工差错的情况，而BIM技术的应用能使这一问题得到很好的解决。

通过对BIM技术的应用，可以将相关工程结构以更加直观、多维的方式展现在工作人员眼前，这样即使没有经过专业培训的人士也能够看懂施工中所采用的工程构件，给不同专业人员之间的交流与工作提供了支持。此外，过往的三维效果图往往只可以展现市政道路给排水项目地形，还得需要专业的制图人员参与其中协助表达才行。应用BIM技术所创建的建筑模型能够较为清晰地将现场内各单体或总体工程加以展示，在施工阶段，即使施工人员对于二维图纸有不清楚、不确定之处，也可以通过BIM技术信息化的三维建模，随时方便快捷地生成各个角度的三维图、各处的剖面图等，将工程构件详细地加以展示。所以，BIM技术所创建的模型不仅能帮助工程效果的展现，更能够使工程项目在可视化的操作下完成设计、建造和运营，极大程度地提高设计与施工的准确性。

（二）协调性

BIM技术的协调性特点分为协调的实用性、协调的准确性。

协调的实时性。不同于普通民建项目，作为体量极大、涉及专业极多的工程，市政道路给排水的设计已经跨越出了建筑单体设计的层级，其表现出的难点体现在了专业协调的复杂性、多元性与重复性。针对一个市政道路给排水项目的完成，需要工程建设单位、工程设计单位、工程施工单位、工程监理单位等多方主体的共同参与，其中单就工程设计单位而言，所涉及专业包含了建筑、结构、电气、地勘、给排水等专业，同时还需要与规划、道路与桥梁等专业在线路设计这一更大层级上进行协作。在对工程进行设计与建设的过程中，信息的对接与统筹往往具有实时性，体现出的是一套牵一发而动全身的流程，而工程管理人员作为统筹全局的角色，需要负责将所有专业的想法与意见加以实施，按照传统CAD二维平面的工作流程，各专业图纸分开提资，其中，建筑专业对接统筹以及后期修改的难度可想而知。所以，协调好不同部门之间的关系同样是市政道路给排水施工中十分重要的一步。通过 BIM 技术，可以简化多专业协同流程，大大减少了多专业碰面校审的时间，提高了协同校审的效率。在具体工程建设施工中，通常会出现多种不同的问题，这便需要对相关人员加以组织，有效协调，探寻问题产生的原因所在，并提出相关措施予以解决。

协调的准确性。在确保了各专业协调实时性之后，相互协作的准确性成了市政道路给排水工程中的另一个难题。在以往市政道路给排水设计与施工过程中，常常会因为不同专业之间没有进行有效协调，或协调的准确度出现问题，导致一系列施工问题的出现，如暖通、电气与给排水出现冲突等问题，而形成这种问题的主因就是由于项目图纸都是由各个专业自行进行绘制，但在具体工程施工过程中，原本设计给排水管线的地方可能已经进行了管线或道路的设计，或因图纸二维化表达的限制，使设计人员在对各自不熟悉的部分进行协作时产生差错。此种情况下，便需要对设计和图纸做出更改，导致工程施工被延误。施工过程中，专业协作准确性的问题更是一种普遍性问题，由于市政道路给排水工程存在着多元性与复杂性，因此问题显现更甚，而 BIM 技术的应用可以使上述问题得到较好的解决。因为 BIM 模型能够预先针对不同专业进行碰撞测试，通过碰撞测试检验设计中是否存在不合理的地方，这样可以有效规避该种问题的出现，从而使得工程设计工作更为科学合理，为工程项目施工的顺利开展提供保障。

（三）模拟性

所谓模拟性并不仅仅指可模拟所设计的建筑物模型，那些无法在真实世界里运行的东西也可以模拟。目前，随着科技水平的不断提升，BIM 已经成为一种非常先进的技术工具。在设计阶段，BIM 可对设计所需仿真的某些事物进行模拟，即按照施工组织设计对实际施工进行仿真，以制定出合理的施工方案指导施工，同时也可进行 5D 模拟技术以达到控制成本等目的。

（四）数据化

采用 BIM 技术对工程项目进行信息化管理，使项目管理过程能够对大量数据进行高效储存，快速精确地计算与分析。比如，通过 BIM 迅速准确地完成工程量计算，同时，能直观地了解到项目施工方案、进度计划，以及成本预算等方面的数据。逐渐实现工程精细化。

三、BIM 技术和协同设计

在以往建筑工程的设计与管理中，CAD 技术二维模式占据主导，但在建筑工程项目中包含的基本专业类型中，单单依靠 CAD 软件进行设计和规划，可能会存在很大的差异。所有环节的工程设计在完成以后，以二维图纸的形式展现出来，然后将各个环节的图纸简单地组合在一起，展现出最后的设计成果。在每个环节的设计过程中，由于没有一个统一的平台，致使设计各个环节的信息资源不能传递与共享，信息交流闭塞现象存在，因而在一些环节进行调整的时候，其他环节不能进行及时的变化，这将会对各个专业的设计质量造成影响。

BIM 技术的运用能够在很大程度上克服上述二维设计方法在建筑工程中所出现的问题，BIM 技术在建筑工程的设计起始阶段就可以实现数据信息的传递和共享，并能够在建筑工程的所有环节中实现数据信息的及时更新，从而保证数据信息传递能够及时与准确。因此，在建筑工程实施过程中，涉及的所有单位都能够借助 BIM 平台进行信息的交流，以获取及时准确的信息资源。

（一）从二维的 CAD 设计到三维的 BIM 设计

当前，中国建筑业中二维 CAD 设计依然占据主导，通过二维的平面设计来进行工程施工。这使得建筑工程管理是基于二维图纸而展开，在国内的建筑行业中诸多的从业者对于 BIM 技术系统缺乏足够的认识，有的甚至非常模糊，影响 BIM 技术在中国建筑业的发展和运用。

社会的快速发展以及人们需求的日益复杂，人们对于建筑工程所彰显出的整体美感和寓意越来越关注和青睐。例如，曲面是建筑设计行业中常用的设计模式，通过曲面设计使整个建筑呈现出别样的美感。二维平面设计无法对曲面等立体几何进行准确的展现和描述，而三维设计便可以对复杂的立体几何形状进行模拟，从而满足人们对于建筑工程越来越严格的设计需求。

运用二维图纸进行建筑工程设计，要求工程设计者具有超强的空间想象与逻辑思维能力。依赖二维平面图纸只能够对建筑的内部及局部结构进行想象，却很难实现立体结构的连续性展现。但通过三维设计方法则可以对建筑工程进行全方位的展现和描述。例如，通过 BIM 技术一方面可以清晰地展示建筑工程项目的内部空间及局部结构，另一方面还可以对建筑工程中所涉及的材料对应特性进行展示。

运用BIM的三维设计方法能够对建筑工程项目内部几何空间结构进行直观的展示，是BIM技术优于CAD技术的功能，而BIM技术同时涵盖各方面的数据信息，包括建筑工程中所用的材料特性及其力学原理等非几何信息，这些都是二维图纸所做不到的。

（二）BIM协同设计的实现方法

BIM的协同设计需要整个建筑工程中所有环节参与单位的积极配合与共同参与。BIM技术的协同设计功能应当遵循严格的流程及使用规则。其工作流程包括下述几个步骤：

（1）工程建造师应充分考虑工程的实际情况对基础模型进行构建，从而为构建其他的专业环节模型设立相应标准；

（2）BIM的协同设计包含多个专业环节，诸如结构、建筑、材料以及电气专业等，首先由建筑结构工程师对建筑工程的结构模型进行构建，然后交由建筑师对所涉及的建筑模型进一步细化，而材料与机电工程师对相应材料与工程机电的模型进行构建；

（3）建筑信息系统基于各专业环节的模型信息进行严格的检查，发现其中有无矛盾现象，在确认无误后便可直接进行工程施工图的导出，如果发现有问题则交由上一步骤进行处理。

（三）BIM三维设计与传统三维设计之间的差异

BIM三维设计与传统三维设计都可以对三维模型进行构建，以对建筑工程进行仿真模拟，但二者所运用的技术方法存在较大差别，主要表现在以下几个方面：

（1）在建筑设计方面的差异。传统的三维设计方法仅仅可以对三维效果图进行构建，并能对建筑项目进行虚拟，这是两种基础的功能，但BIM三维设计一方面可以实施三维建模及虚拟现实等基础功能，另一方面还可以对建筑工程进行设计、对相应数据信息进行分析，以及对工程项目的管理等，表现出比传统的三维设计方法更为优异的功能。

（2）在协调方面的差异。传统三维设计方法在协调方面表现不足，而BIM三维设计技术其协调性是比较强的，一方面可以依据数据库中的数据信息对后期的施工过程以及工程项目的运营管理实施指导，另一方面还可以依据不同环节相应的数据信息施以协同性与自动化检查，对建筑工程进行全方位的观察，有助于及时发现建筑工程中所存在的问题，并及时进行科学的处理，帮助整个工程项目在完成之前进行变更和调整，最大限度地减少在设计方面所出现的失误及偏差，降低人力与物力的投入，节约成本。

（3）在数据信息逻辑关系方面的差异。传统的三维设计方法是在二维平面设计的基础上而展开的，因而其数据信息之间没有严谨的逻辑关系，但在 BIM 三维设计中所存储的数据信息具有严格的逻辑关系，相应环节的数据发生改变将会引起其他环节的联动更新，这样将有助于保证工程设计的严谨性和准确性。

此外，与传统三维设计方法相比，BIM 三维设计还具有可视化设计的特点，随着建筑工程项目的复杂和多样化，工程内部所涉及的环节将会越来越复杂，此时单纯地依靠设计师自身的想象与二维作图是很难实现的，而 BIM 三维设计能够让设计师对整个建筑工程所包含的各个结构及布置情况进行直观的把握，从而极大降低设计师所承担的压力，保证设计成果的质量能够符合设计的需要。

总之，BIM 的设计流程比传统二维设计流程更加符合现代化设计理念的表现，也更能达到设计要求。

四、BIM 技术在市政给排水中应用时所面临的阻碍

BIM 技术前期投入资本高，影响其推广应用。BIM 技术在我国工程建设中的实际应用并没有达到预期目标，这与其前期工程投入资本相对较高且投资回收期长的特点有关。目前，上海中心大厦等高档建筑物的主体建筑都采用了 BIM 技术，但是在相对普通的市政给排水工程建设中，BIM 技术的实际应用却并没有铺展开来。因此，BIM 方法能否在城市给排水中广泛应用，存在着前期投资成本过高的因素以及其运用上的障碍。

施工计划无法严格执行，降低 BIM 的使用效率。BIM 技术在城市给排水工程设计和实施过程中，会协助进行相关的三维模型建立等工作，还会借助仿真性来仿真施工现场情况及实施过程等，对于曾经存在可能会导致矛盾甚至工程质量缺陷的部分，需要尽快修改和优化。但是，运用 BIM 方法所设计得出的方案在实际施工中却往往无法实施。这是因为在市政给排水工程实际施工过程中，材料、建筑施工方法乃至机械设备等都无法达到实际施工方案的设计要求，甚至部分项目负责人员也出于节省工程建设成本的角度，不愿去配合和执行 BIM 技术设计的方案，从而影响着 BIM 技术的实践效果。

五、BIM 技术的优势

有利于提高建造效率。利用 BIM 技术手段，设计人员可以在设计期间更为直观清晰地看到市政建设结束后的实际效果，而且利用这个方式，更为方便快捷地对建筑施工图和建筑设计效果图做出综合优化、调配。及早地发觉建筑设计工作方面的实际问题，极大降低市政建筑的返修概率，更为有效提升建筑施工的效益。使市政工程中可能会出现的问题得到了最终解决，因而免除了整个项目人员与物力资源上的巨大耗费，而上述问题均是传统设计无法做到的。

有利于提升市政给排水设计与城市发展的契合度。BIM 技术在城市给排水设计中的运用能够增强其工程设计和城市建设的贴合性，当前迎来新一波城市发展的高潮，将会对以往不适应城市建设的市政管线设计又需要做出重新设计的重大改变，而运用 BIM 技术可以显著增强其工程设计的贴合感和科学性。BIM 的运用过程中，会对城市给排水项目周边环境的施工条件进行全面的信息采集，项目进行后，还可以进行碰撞试验，在很大程度上可以避免设计问题，防止项目实施过程中发生设计不合理问题，防止在之后的运营过程中与周边施工产生矛盾的情况。

有利于提升市政给排水工程管理质量。市政给排水水项目，作为市政工程或者是由地方政府财政拨款投资兴建的工程项目，它不但关乎居民的生活用水问题，更关乎地方政府部门的公信力与权威性。在以往的新闻报道中，也有市政给排水水工程项目一年内重复施工等的报道。因此，运用 BIM 技术对市政给排水工程施工过程实施质量监督，可以有效运用工程信息记录和数据模型建立等技术措施，以确定工程不同时间的具体工作内容，在确保工程进度的同时，也可以运用建筑仿真等技术措施，以提高市政给排水施工的最终施工品质。

六、市政给排水设计中 BIM 技术的应用策略

（一）市政给排水设计整体方案的应用

BIM 技术可将施工作业中的所有信息都列入模型之中，并形成详细的 3D 视图，对设计图纸技术交底以及施工参数等方面起到精准把控的作用。若在建设过程中出现由于环境以及人为原因所造成设计改动问题，BIM 技术可对其参数实时调节，并满足设计人员需求。施工方案设计也是市政给

排水工程中不可忽视的一方面，BIM 技术除可对工程建立系统的模型设计之外，还可对施工设计以及进度的把控与管理也起到助推的作用。通过动画方式将施工设计过程模拟，便于发现在后期可能会出现的问题，在使用 BIM 技术构架水管系统时，可对区域内洞口开挖进行取样，更快地得出管道在地下的实际情况。将建筑周围环境参数和地下的水文地质数据等输入模型中，可了解管道安设具体情况，及时对设计内容予以优化。相关人员可利用仿真技术安装测试，确定是否会发生管道碰撞现象，进而提高后期施工的准确性[3]。

（二）市政给排水设计工程协同的应用

在市政工程中，由于在施工过程中参建部门较多，传统 CAD 在设计时具有较强的局限性，图纸中无法体现出更多信息，因此各部门之间缺乏一个有效的沟通平台，加之工程周期大多较长，环境中存在的不确定性因素，在发生问题时无法与设计人员及时沟通并改进，进而影响到作业的进度。而通过 BIM 技术，可将所有信息都输入到一个视图之中，并且还可将周围的天气、环境包括光照等细节问题录入和模拟，这也方便设计人员开展设计图纸的技术交底工作，并可将工程实际需求以及作业要求输入到图纸之中，进而满足各部门在施工过程中的要求，加强了各部门之间的协调性。而且 BIM 技术的系统参数可随工程量变化而变化，不仅提高设计的灵活性，也节约建设资源并有效控制成本。而 BIM 技术主要是以计算机及互联网作为设计操作媒介，因此在信息时代背景下，可建立统一的信息共享服务平台，有关人员可通过移动终端了解当前对图纸和整体工程的改动，提高各部门之间的作业实效性[4]。

（三）市政给排水设计可视化方面应用

市政工程给排水系统设计较为复杂，在传统的设计方案之中，由于受到平面视图所限，在设计时很难发现过程中所出现的问题，等到施工环节就出现返工的现象，进而对工程整体质量以及进度把控产生影响。而通过 BIM 技术的可视化特点，可对给排水管道进行综合性设计，在设计过程中使用材料以及走线不科学均可以通过可视化的特点一一呈现出来，方便设计人员及时修改，从而提升工作效率。在设计技术交底过程中，施工重点以及不便于理解的地方通过可视化特点以三维立体视图全方位向施工人员展示，由此减少施工人员在作业过程中对工程资金和时间的消耗。市政给排水系统复杂且涵盖范围较广，通过 BIM 可视化特点可对给排水管道后期的调整和修补工作带来极大的方便，当部分城市发生给水量以及排水量的变化时，则可通过BIM技术对管道局部及时调整设计，无需重新返工，并可优化局部问题，保证城市给排水工程正常运作[5]。

（四）给排水设计BIM技术在市政工程中的应用

基于BIM技术进行模型开发，能够将当前项目的3D视图全部呈现出来，并获取具体的信息资料。在现有系统中，所有参数都能够进行调整，从而生成全新的模型，促使相关人员将其他方面的数据内容应用进来，提升设计效率和设计水平。相关工作人员还能够结合具体的实际需求，对现有的编码程序展开调整，改进其中的不足，以此确保BIM系统能够与项目本身联系在一起，呈现出自身独有的特点。尤其是在针对给水结构以及排水结构进行设计的时候，工作人员还需要在原有基础上，将具体器具的位置全部明确出来。在完成初始模型的建立之后，便可以使用BIM技术对其展开全面检测，以此把握方案本身的合理性。之后再结合功能生成报告，合理展开管道调整，明确具体的位置，以此确保建设工程可以顺利进行，同时还不会对其他项目产生任何影响。在完成检查之后，再对具体挖掘的实际部位依方案展开。城市管道通常建造的时间都非常短，如果采用早期的建造方式，效果自然很难令人满意。因此，在实际建造的时候，工作人员若是可以应用BIM模型，就能立刻得出具体的方案。不仅如此，通过技术跟踪，还能有效把握当前管道的具体情况。

基于信息技术完成模型创建，能够有效把握现有方案的合理性。在现有系统中，还可以根据参数判断当前建造过程有哪些信息数据存在冲突情况，以此判断方案的合理性。基于管道的实际情况，建筑人员还能有效把握其周边的具体状况，从而对之后的处理工作带来方便。因此，在使用BIM技术之后，可以有效明确管道的埋设状况。以此为核心制定对应的防范手段，进而降低负面因素带来的实际影响[6]。

（五）可视化设计的应用

传统的建筑形式是在纸张上绘制平面图纸，平面图纸的线条比较复杂，而且比较抽象，远不如立体图形更加直观。目前通过CAD软件可以制作出立体的图形，而且可以无限地放大和缩小，这样整个立体图形中间的细节、数据都会展现得淋漓尽致。但是在这一过程中，相关人员需要有丰富的建筑工程实践经验才能完成这一高难度的立体图形绘制工作，所以，它更容易出现错误。

在实施 BIM 技术时，最大优势就是它的可视化设计。在市政给排水设计工作中，传统的设计模式需要利用信息平台，结合人力的方式进行设计，这样做耗时比较长，工作中也很容易出现漏洞，而且在设计时还需要对原有的市政给排水管道进行复原和修改，这就使得市政给排水设计工作的难度进一步加大。BIM 技术作为一种先进的技术，在市政给排水设计工作中可以通过可视化设计避免出现错误，还可以利用其自身的优势实现信息数据的高效收集和传递，提高信息的准确性和真实性，然后通过建模的方式构建其可视化的三维模型，这种三维模型能够为给排水结构的设计起到重要的辅助作用，还能够实时对其中的结构进行调整。相关人员需要匹配建筑施工的具体情况，结合现场施工的条件来绘制图形，确保现场施工的人员有能力，有条件根据立体图形进行建设。如果现场条件与设计不符，施工人员可以根据现场施工条件进行细微的调整，以求达到最佳效果[7]。

（六）协同设计的应用

传统设计模式中因为绘制的图纸面积有限，所能承载的信息有限，而采用 BIM 技术，可以将已经设计好的模型在电脑中无限地放大，并在其中增添各种数据，更改各种信息。所以 BIM 技术的应用提升了建筑施工的工作效率，从而改善许多建筑行业中长时间不能解决的问题。BIM 技术本身的优势是可以汇总和组织各种数据，并且经过数据整合产生大量的信息，实现项目和子项目互相配合，实现技术上的互补。相关工作人员可以根据数据结构来配置设计，实现技术数据随时变化，将更准确的数据体现出来，保持建筑数据的综合性、及时性和有效性。在给排水设计的时候，通过使用计算机设备进行绘制，实际呈现出的图形更为精确。因此在制定一些较为复杂的方案时，此类技术有着非常好的应用效果。在市政给排水设计工作中，使用计算机设备，可能会对项目带来影响的因素内容输入进去，工作人员就能更好地进行把握，并从整体角度出发，确保系统的设计效果得到提高。

（七）在管线与材料方面的应用

在市政给排水管网的辅助设计中，有关部门可以充分发挥其自身的作用，并运用 BIM 技术对有关工程进行建模。在系统功能预设计算模型中，还可以用图纸来描述对应的建筑设计模式以及新方案的最终结果。根据实际管线的连接状况，在建筑内部进行设计匹配，最大限度地满足有关层面的要求。

在 BIM 软件中有自动制表功能，可以将给排水设计中工程各部分所需要的用量以及所用设备的配置型号进行快速梳理并统计，通过强大的信息数据库进行存储与分析。相关人员在市政给排水设计时不仅可以依据信息数据库快速地编制出工程所需材料，还可以依据工程作业条件和实际需求筛选出给水以及排水的建筑材料，为设计人员提供一份精准的方案资料同时，可大幅度提升给排水工程的质量。

第二章　市政给水施工技术研究

第一节　市政给水管道施工技术应用

给水管道是以卫生级聚氯乙烯（PVC）树脂为主要原料，加入适量的稳定剂、润滑剂、填充剂、增色剂等，经塑料挤出机挤出成型和注塑机注塑成型，通过冷却、固化、定型、检验、包装等工序生产出的一种给水用管材。给水管道工程是亦称“上水管道工程”。分为室外管道安装和室内管道安装两种。室外给水管道指自建筑物外给水截门至水表井一段的管道安装工程，水表井以外的管道由自来水公司负责施工与安装，使水表井与自来水公司输水管道相接通，以便供水；室内给水管道指建筑物以内的给水管道安装。一般给水管道采用无缝钢管或者镀锌无缝钢管。通常在进入建筑物内的进户管上装有总阀门和泄水门，以便在管道维修时停水和放泄剩余之水。在每根主立管（干管）的底部也装有阀门，在支管上装有用水设备，连接到盥水池、大小便器等处。

一、市政给水管道工程的施工工艺及其施工要求

随着建筑行业的发展，市政给水管道工程得到了越来越广泛的应用。市政给水管道是城市基础设施的重要组成部分，负责供应城市日常生活所需的用水。因此，在市政给水管道工程的施工过程中，需要严格遵循工艺要求，保证其安全、可靠、稳定地运行。

（一）管道基础施工

对市政给水管道建设而言，基础是分层分步骤施工的。根据工程条件，对地址进行分析和测量，制定深度、宽度、地质情况等工程要求，下开挖坑，进行被压岩石或土石方支护工程。根据施工要求，进行基床底层基础施工。

（二）管道铺设施工

管道铺设是市政给水管道工程中的核心环节。在管道铺设过程中，需要根据设计方案要求进行管道的卸料、安置、连接和定位等工作。管道的连接一般采用承插式连接和法兰连接，要求加强配合，并准确确定位置，确保在运输和设置中管道的完整性。

（三）管道连接工程

由于市政给水管道工程是一项高精度、高昂成本的工程，它要求施工各项工作必须严格按照规范进行。在市政给水管道工程的连接工程中，需要先将管道预设在工地上，随后对管道进行精准的加工和牢固的连接。特别是在地下管道的连接工程中，需要充分考虑管道的回转角度、坡度和位置，确保连接的安全性和可靠性。

（四）管道保护工程

市政给水管道工程施工的过程中，管道保护工程尤为重要。在施工过程中，经常会遇到管道被破坏的现象，因此需要加强管道的保护。具体的保护工作包括将管道周围的土壤加密填土、铺设保护层、设置防护栏杆等。

（五）严格按照规范施工

市政给水管道工程施工在进行时需要严格按照规范进行，确保工程的质量和安全问题，也要遵守相关的文明施工规范。

（六）注意施工现场卫生

市政给水管道工程的施工需要注意现场卫生和环境保护问题，避免施工污染周边环境，增强工人的环境保护意识。

（七）确保设备的完整性

市政给水管道工程的施工过程中，设备的完整性是关键。在施工过程中，需要加强设备的维护和保养，保证设备的正常运作。同时，需要配备专业的维护人员，并对设备进行定期检测和维修。

（八）按要求开展防水工作

市政给水管道工程在涉及围堰防水时，要严格按照规范进行，选择合适的防水材料，确保防水效果。

（九）注意人员安全

市政给水管道工程的施工过程中，需要注重施工人员的安全问题。在施工现场要配备安全检查员，及时发现和解决施工中的安全问题，确保施工人员的人身安全。

二、管道工程测量

随着城市建设的发展，各种地上、地下和架空的市政公用设施将随之增多，从而形成一个完整的市政工程综合系统。为市政工程建设的规划设计、施工放样及竣工验收等所进行的测量工作称为市政工程测量。市政工程测量是在城市测量控制网和城市大比例尺地形图的基础上进行的，各项市政工程的主要轴线点位应采用城市的统一坐标系和高程系统。城市道路网是城市平面布局的骨架，市政工程的建设用地范围常以规划道路中心线为依据来确定。规划道路中心线的定线测量和以道路中心线为依据确定建筑用地界址点的拨地测量是市政工程测量的先行工序。

各个单项市政工程多在其中心线附近的带状范围内实施测量，具有线路工程测量的特点。市政工程建设各阶段的测量工作分为控制测量、地形测量、施工测量、竣工测量和变形观测等，本部分主要介绍市政工程测量中管道工程测量的相关内容。管道工程是工业与民用建筑中的重要组成部分，有给水管道、排水管道、煤气管道、热力管道、电缆管道和输油管道等。管道工程测量的任务是在设计前为管道工程设计提供地形图和断面图，在施工时按设计的平面位置和高程将管道位置测设于实地。

进行管道勘测设计，首先应分析原有地形图、管道平面图、断面图，并结合现场勘查，在图纸上选定拟建管道的主点（起点、终点、转折点）位置；然后进行管道中心线测设和纵横断面图测量，为管道设计提供资料。施工时需进行管道施工测量。竣工后要进行竣工测量，作为维修管理的依据。由于管道大多敷设于地下，且纵横交错，因此必须严格按设计位置测设并且按规定校核。

当管道工程施工阶段分期进行，或与其他建（构）筑物有结构衔接时必须进行全面联测，其定位偏差必须经过调整后方可施工。调整原则有如下四点。

一是建筑物内管道与建筑物外管道连接时，以建筑物内管道为准。

二是建筑区内管道与建筑区外管道连接时，以建筑区内管道为准。

三是新建管道与原有管道连接时，以原有管道为准。

四是新建管道与原有建筑物关系不符时，以原有建筑物为准。

三、线路踏勘及中线测量

GB 50026–2020《工程测量标准》规定，铁路、公路、架空索道、各种自流和压力管线及架空输电线路工程线路的平面控制宜采用卫星定位测量或导线测量方法，并应沿线路布设，线路的高程控制宜采用水准测量、电磁波测距三角高程测量或卫星定位高程测量方法，并应沿线路布设。线路的测量，一般分为线路踏勘和定测两个阶段。线路踏勘阶段是协同设计部门进行现场踏勘，确定线路方案，必要时应进行草测或实测带状地形图。定测阶段是在主体方案确定后，按选定的线路或根据设计坐标等数据在实地定线、测角、量距、设置曲线及断面测量等。当地形简单、方案选定的情况下，亦可一次性进行测量。

（一）线路踏勘

线路踏勘阶段包括资料收集、线路设计、现场踏勘调查和撰写踏勘报告等环节。

1. 资料收集

为了满足线路踏勘的需要，应在踏勘之前收集以下基本资料。

（1）规划设计区域 1 ∶ 10 000（或 1 ∶ 5 000）、1 ∶ 2 000（或 1 ∶ 1 000）地形图，国家及有关部门设置的三角点、导线点、水准点资料，原有管线平面图和断面图等资料。

（2）沿线自然地理概况、工程地质、水文、气象、地震资料。

（3）沿线农林、水利、铁路、公路、电力、通信、文物、环保等部门与本案有关系的规划、设计资料。

2. 线路设计

根据工程项目可行性研究报告拟定的线路可行性方案，在收集的地形图上进行各可行性方案的研究，运用各种先进手段对路线方案做深入、细致的研究，经过对路线方案的初步比选，筛选出需要勘测的备选方案及现场需要重点调查和落实的问题。选线时应遵循以下原则：

（1）路线设计应使工程数量小、造价低、费用省、效益好，并有利于施工和养护。在工程量增加不大时，应尽量采用较高的技术指标，不应轻易采用最小指标或低限指标，也不应片面追求高指标。

（2）选线应同农田基本建设相配合，做到少占田地，并应尽量不占高产田、经济作物田或经济林园（如橡胶林、茶林、果园）等。

（3）应与周围环境、景观相协调，并适当照顾美观。注意保护原有自然状态和重要历史文物遗址。

（4）选线时应对工程地质和水文地质进行深入勘测，查清其对工程的影响。对于滑坡、泥石流、岩溶、软土、泥沼等严重不良地质地段和沙漠、多年冻土等特殊地区，应慎重对待。一般情况下应设法绕避；当必须穿过时，应选择合适的位置，缩小穿越范围，并采取必要的工程措施。

（5）选线应重视环境保护，注意由于管道运营所产生的影响与污染等问题，具体应注意以下几个方面。

①路线对自然景观与资源可能产生的影响；

②占地、拆迁房屋所带来的影响；

③路线对城镇布局、行政区划、农业耕作区、水利排灌体系等现有设施造成分割而产生的影响；

④对自然环境、资源的影响和污染的防治措施及其对策实施的可能性。

（6）各类城市管线的走向、位置、埋设深度应当综合规划，并按照下列原则实施。

①沿道路建设管线，走向应平行于规划道路中心线，避免交叉干扰。

②同类管线原则上应当合并建设，性质相近的管线应当同沟敷设。

③新建管线应避让已建成的管线，临时管线应避让永久管线，非主要管线应避让主要管线；小管道应避让大管道，压力管道应避让重力管道，可弯曲的管道应避让不宜弯曲的管道。

④除管线相互交叉处外，各种管线不得重叠。

⑤新建城市管线不得擅自穿越、切割城市规划用地。

⑥沿城市道路两侧的建筑，其专用管线及附属设施不得占压道路规划红线。

3. 现场踏勘调查

应组织专业技术人员并邀请当地政府和有关部门参加备选路线方案的现场踏勘工作。踏勘的主要内容和要求如下。

（1）核查所搜集的地形图与沿线地形有无变化，对拟定的路线方案有无干扰，并研究相应的路线调整方案。

（2）核查沿线居民的分布、农田水利设施、主要建筑设施并研究相应的路线调整方案。

（3）核查各种地上、地下管线、旅游风景区、自然保护区等，应注意线路布设后，对环境和景观的影响。

（4）对沿线重点工程和复杂的大桥、中桥、隧道、互通式立体交叉交通系统等，应逐一核查落实其位置与设置条件。

（5）了解沿线地形、通行等情况。线路踏勘工作应与当地政府或主管部门取得联系，对重要的线路方案、同地方规划或设施有干扰的方案，应征求相关部门的意见。

4. 撰写踏勘报告

上述三个环节完成之后，应撰写踏勘报告。

（1）根据已掌握的资料，概略说明沿线的地形、气象等情况，指出采用路线方案的理由。

（2）提供沿线主要工程和主要建筑材料情况，提出市政工程测量中应注意的事项，需要进一步解决的问题等。

（3）估计野外工作的困难程度和工作量，确定测绘队伍的组织及必需的仪器工具和其他装备，并编制野外工作计划和日程安排。

（二）中线测量

中线测量即按照线路踏勘阶段确定的线路方案测设管线的主点和中桩位置。管线主点一般可根据原有建筑物用图解法进行定位，也可以根据控制点按主点坐标用解析法进行定位。

1. 主点测设

（1）根据已有建筑物图解定位。在城市建筑区，管线一般与道路中心线或建筑物轴线平行或垂直。管道位置可以在现场直接选定，也可以在大比例尺地形图上设计。若主点附近有可靠的明显地物时，可根据管线与原有地物间的关系，用图解法获得测设数据。

如图 2-1 所示，在设计管道主点 A、B、C 附近，有道路、房屋及已有管道 MN。在图上量取长度 a、b、c、d、e、f、g、h 作为测设数据，便可用直角坐标法、距离交会等方法测设出 A、B、C 点。为使点位准确无误，测设时应有校核条件。如利用 a、b 测设 A 点后，以 c 作校核，利用 d、e 测设 B 点后，以 f 作校核，利用 g 测设 C 点后，以 h 作校核等。

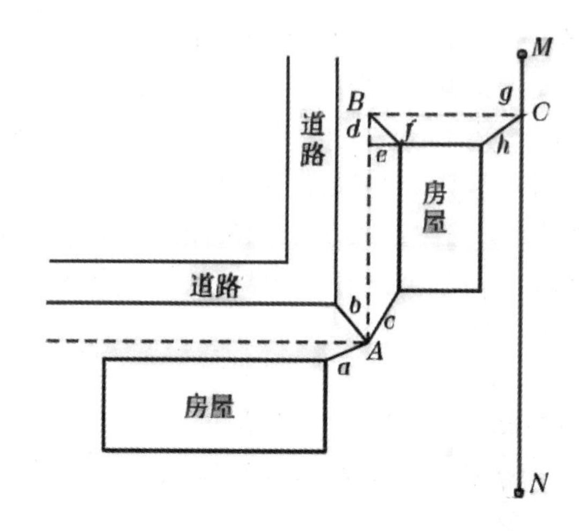

图 2-1　图解定位法

（2）根据测量控制点解析定位。若管线主点坐标是给定的，且附近有测量控制点时，可根据控制点坐标定位主点。图 2-2 中，*A*、*B*、*C*、*D* 为设计主点，*M*、*N*、*P*、*Q*、*K* 为控制点。根据控制点的坐标和主点的设计坐标反算线长 *a*、*b*、*c*、*d*、*e*、*f* 及角度 α_1、α_2、α_3、α_4，则可用极坐标法测设 *A*、*D* 点，用距离交会法测设 *B* 点，用角度交会法或距离交会法测设 *C* 点。以相邻主点间距离和转角的实测值和根据设计坐标反算值比较进行检核。

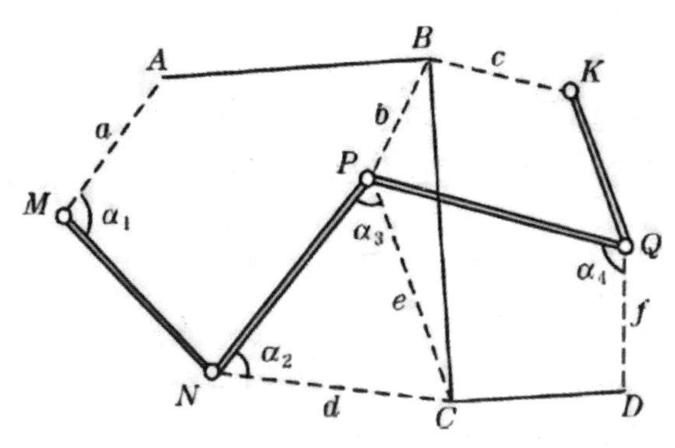

图 2-2　解析法定位主点

需要说明两点。

①若线路精度要求较高时，一般采用解析法测设主点；

②若设计线路附近控制点不足数时，应首先进行控制点补测或加密。

2. 中桩测设

为了设计与施工的需要，管线长度测定、中线上某些特殊点的相对位置以及管线纵横断面图的测绘，从起点开始，沿中线方向各主点之间设置里程桩或中桩，这项工作称为中桩测设。里程桩是在中线测量的基础上进行设置的，一般采用边测量中线边设置里程桩。若用钢尺设置里程桩，应在相邻点间丈量两次，丈量的相对精度为 1/1 000，读数至厘米即可。里程桩分整桩和加桩两种。

（1）整桩。整桩指从起点开始每隔一整米数设置的里程桩。按 GB 50026–2020《工程测量标准》规定，线路中线桩的间距，直线部分不应大于 50 m，因此，根据管线不同种类，整桩之间距离一般为 20 m、30 m 或 50 m。

（2）加桩。中线方向上整桩之间地形起伏变化处、水平方向变化处以及线路与建（构）筑物的交叉处要增设加桩。

为了方便计算，管线中桩均按管线起点到该桩的里程进行编号，并用红油漆写在木桩侧面。不同种类的管线起点也有不同规定，如排水管道起点为下游出水口；给水管道起点则为水源处；气、热管道以来气方向作为起点；电力管道则以电源为起点，等等。图 2–3 中自管道起点开始，每隔 50 m 设置一里程桩，如图中的 0+150，+ 号前为千米数，+ 号后为米数，表示该里程桩离起点 150 m；图中的 0+108、0+309 为地物加桩；0+083 为地形加桩。

（3）转向角测量。转向角为管线方向转变处转变后的方向与原方向之间的水平夹角，也称偏角，角的大小一般为 0 ～ 90°，如图 2–3 中主点 *B* 处的 α 左和主点 *C* 处的 α 右分别表示左偏和右偏；也可以用转折角 β_B 和 β_C 表示主点 *B* 和 *C* 处的转向角，但必须注意转折角的方向。若观测转向角 α 左时，将经纬仪安置于点 *B*，将经纬仪安置成盘左位置瞄准左侧目标点 *A*，读取水平度盘值，转动照准部瞄准目标 *C*，读取水平度盘值，两读数之差即为转向角值；倒转望远镜盘右位置重复上述过程，若两次观测结果符合限差要求，取其平均值作为该转向角的观测结果。如果管线主点位置以解析法确定时，应以解析计算结果为准，与实测值进行比较作为检核。

（4）带状地形图的测绘。管道中桩测定后，应将其展绘到大比例尺地形图上，标明各主点和中桩的位置以及管道转向角。当没有大比例尺地形图，或管道沿线地形起伏较大时，应在现场实测带状地形图，作为管道设计和绘制断面图的重要资料。实测带状地形图时一般测绘管线两侧各 20 m 的地物和地貌。测图时，可将管道主点作为测站点，用皮尺交会法或直角坐标法测绘地物，用视距法测绘地物和地形。测图比例尺按表 2-2 进行选择。

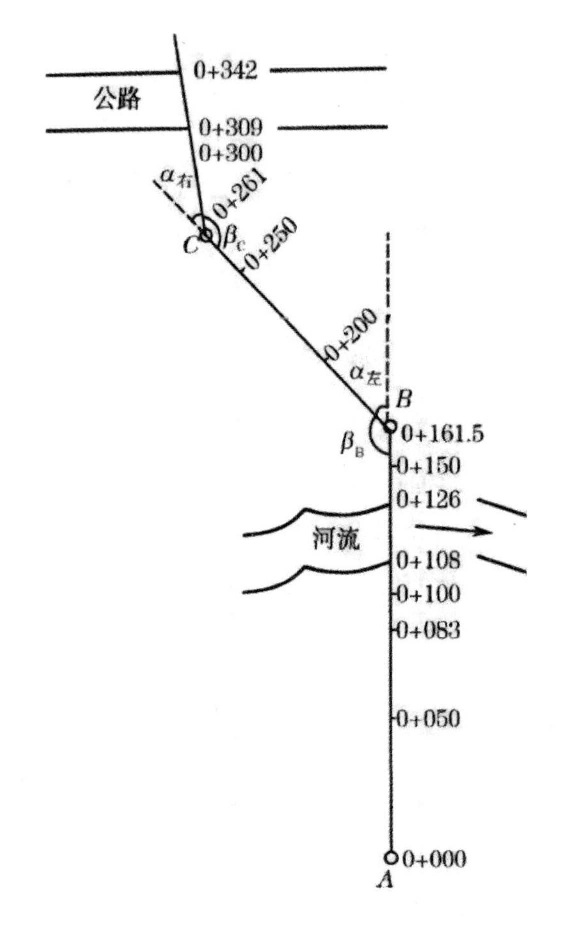

图 2-3　中桩示意图

四、管线纵、横断面测量

线路中线测量完成后，还要进行纵、横断面测量，以便为进一步进行施工图设计提供资料。纵断面测量的任务是测定中线各里程桩的地面高程，绘制中线纵断面图，计算中桩填挖尺寸并且是设计管道埋深、坡度及计算土方量的主要依据。横断面测量则是测定中桩两侧垂直于线路中线方向线上各特征点距中线的距离和高程，绘成横断面图，供设计时计算土石方量和施工时确定开挖边界之用。

（一）纵断面测量

按照由整体到局部的测量顺序，纵断面测量分两步进行。首先，沿线路方向设置水准点，建立路线的高程控制，称为基平测量；然后根据各水准点的高程，分段进行中桩水准测量，称为中平测量。视管线种类不同，基平测量可按三等或四等水准测量的精度要求进行；中平测量低于基平测量精度要求，若按等外水准要求进行，可只做单程观测；最后根据纵断面测量结果绘制纵断面图。

1. 基平测量

基平测量时首先沿线路附近设立水准点，点位应选在稳固、醒目、易于引测，以及施工干扰范围外不易遭受破坏的地方。点的间距一般为 2 km，复杂地段可每隔 1 km 增设一个，在桥梁两端、涵洞和隧道洞口附近均应设立水准点，根据需要在点位上埋设永久性或临时性标石。

高程系统一般采用 1985 国家高程基准，将起始水准点与附近国家水准点进行连测，以获取绝对高程；对于沿线其他水准点，也应尽可能与附近高等级水准点进行连测，以增强检核条件。路线附近如果没有国家水准点或无法与其连测，也可以附近标志性建筑物高程为参考，采用假定高程系统。

水准点连测通常采用往返观测，所测高差较差之允许值规定为

$$f_{h允} = \pm 30\sqrt{L_{mm}} \qquad （式 2-1）$$

对于大桥和涵洞两端的水准点，规定

$$f_{h允} = \pm 20\sqrt{L_{mm}} \qquad （式 2-2）$$

式中，L 为水准路线长度，以千米为单位。

2. 中平测量

中平测量一般附合于基平测量所测定的水准点，即以两相邻水准点之间为一测段，从一水准点出发，用普通水准测量方法逐个测出中桩的地面高程，然后附合于另一水准点上。观测时，在每一测站上先观测转点，再观测相邻两转点之间的中桩即中间点。由于转点起传递高程的作用，因此水准尺应竖立于较为稳固的桩顶或与桩顶等高的尺垫上，读数至 mm；中间点处水准尺立于紧靠中桩的地面上，读数至厘米即可。

图 2–4 和表 2–1 是由水准点 BM.1 到 0 ＋ 342 的中平测量示意图和记录手簿，实施测量步骤有以下几步。

（1）点 1 处安置水准仪，后视水准点 BM.1，读数 1.629，前视 0+000，读数 1.930。

（2）迁至测站 2，后视 0 ＋ 000，读数 1.615，前视 0+100，读数 2.219，仪器保持不动，先后将水准尺竖立于中间点 0+050 和 0+083，分别读取中视读数 2.07 和 1.45。

（3）依次将仪器迁至测站 3 和测站 4 上，重复步骤 2，直至附合于另一水准点上。

将观测数据分别记录于表 2–1 中后视、前视和中视读数栏内，一个测段的中平测量，应进行下列各项计算。

①高差闭合差的计算。

②中桩地面高程计算。

设 BM.1 点的高程为 85.972 m，首先根据测站 1 的后视读数和前视读数计算 0 ＋ 000 的地面高程，然后根据下式计算各转点和中间点的高程。

视线高程 = 后视点高程 + 后视读数（式 2–3）

转点高程 = 视线高程 – 前视读数（式 2–4）

中间点高程 = 视线高程 – 中视读数（式 2–5）

③检核计算。为了防止计算错误，一测段中平测量完成后应进行以下检核

$$\sum 后-\sum 前=\sum h=H_{终}-H_{始} \quad （式 2–6）$$

表 2–1 中 $\sum$ 行高差栏为各测站高差之和，该数字应等于该行后视栏与前视栏计算值之差，也等于高程栏 0+342 和 BM.1 两点高程之差，经计算均为 0.196 m，说明计算无误。

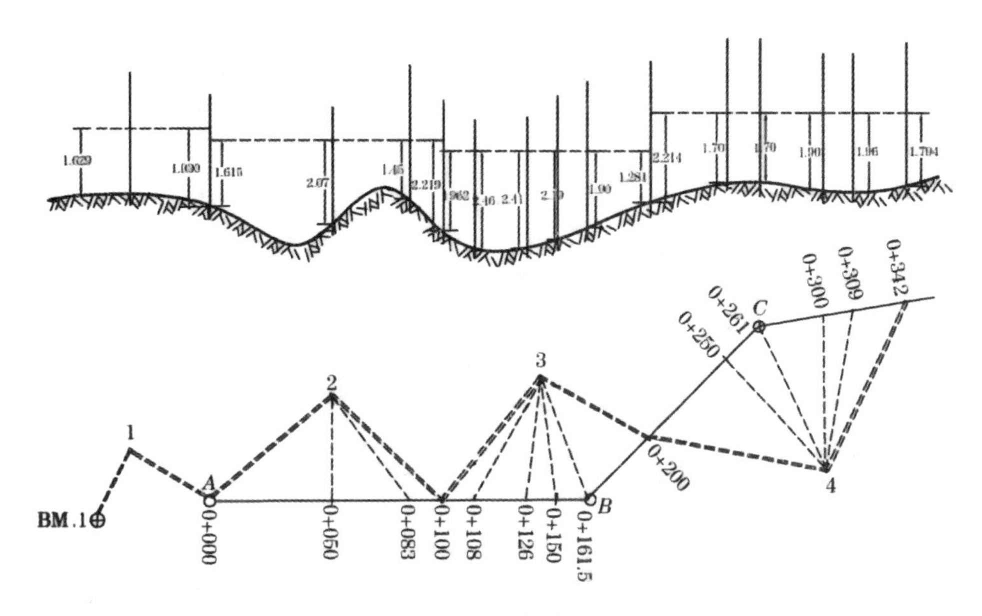

图 2-4　中平测量示意图

表2-1　纵断面水准测量记录手簿

日期		年　月　日			天气		观测者	记录者
测站	桩号	水准尺读数			高差		仪器视线高程	高程
		后视	前视	中视	+	−		
1	BM.1	1.629				0.301	87.601	85.972
	0+000		1.930					85.671
2	0+000	1.615				0.604	87.286	85.671
	0+050			2.070				85.216
	0+083			1.450				85.836
	0+100		2.219					85.067

续 表

日期		年 月 日			天气		观测者	记录者
测站	桩号	水准尺读数			高差		仪器视线高程	高程
		后视	前视	中视	+	−		
3	0+100	1.962			0.681		87.029	85.067
	0+108			2.460				84.569
	0+126			2.410				84.619
	0+150			2.190				84.839
	0+161.5			1.900				85.129
	0+200		1.281					85.748
4	0+200	2.214			0.420		87.962	85.748
	0+250			1.700				86.262
	0+261			1.700				86.262
	0+300			1.900				86.062
	0+309			1.960				86.002
	0+342		1.794					86.168
Σ		7.420	7.224		+0.196			0.196
备注								

3. 绘制纵断面图

一般在毫米方格纸上进行纵断面图的绘制，以管线的里程为横坐标，高程为纵坐标，高程比例尺应是水平比例尺的 10 ～ 20 倍，以明显反映地面起伏情况和坡度变化。各类管线纵横断面比例尺选择标准可参照表 2–2 确定。

表2-2　线路测图的比例尺

线路名称	带状地形图	纵断面图		横断面图（水平、高程）
		水平	高程	
铁路	1 ：1000 1 ：2000	1 ：1000 1 ：2000	1 ：100 1 ：200	1 ：100 1 ：200
公路	1 ：2000 1 ：5000	1 ：2000 1 ：5000	1 ：200 1 ：500	1 ：100 1 ：200
架空索道	1 ：2000 1 ：5000	1 ：2000 1 ：5000	1 ：200 1 ：500	
自流管线	1 ：1000 1 ：2000	1 ：1000 1 ：2000	1 ：100 1 ：200	
压力管线	1 ：2000 1 ：5000	1 ：2000 1 ：5000	1 ：200 1 ：500	
架空送电线路		1 ：2000 1 ：5000	1 ：200 1 ：500	

纵断面图的具体绘制步骤如下。

（1）方格纸中央靠下部适当位置画一条水平线。在水平线下各栏依次注记管线设计坡度、埋深、地面高程、管底高程、各中桩之间的距离、桩号、管线平面图；在水平线上绘制管线的纵断面图。

（2）按照水平比例尺，在管线平面图栏内标明各中桩的位置，桩号栏内标注各桩号，在距离栏内注明各桩之间的距离，在地面高程栏内注记各桩的地面高程。

（3）根据中线测量阶段测绘的带状地形图在管线平面图栏绘制管线平面图，转向后的管线仍按原直线方向绘出，但应以箭头表示管线转折的方向；根据中平测量结果，在水平线上部按高程比例尺在中桩的对应位置确定各自的地面高程，并用直线连接相邻点，得到纵断面图。

（4）根据设计要求，在纵断面图上绘出管线的设计线，在水平线下坡度栏内标注坡度方向，上坡、下坡和平坡分别以“／”“＼”和“—”表示，坡度方向线之上注记坡度值，以千分数表示，坡度方向线之下注记对应坡段的距离。

（5）按照管线起点 0+000 的管底高程（由设计部门给出）设计坡度以及各中桩之间的距离，依次推求各桩的管底高程，如 0+000 的管底高程为 83.62 m，管道坡度为 −6‰，则 0+050 的管底高程为 83.62 m−6 × 50 mm=

83.32 m，地面高程与管底高程之差即为管线的埋深（有的管线称该项内容为填挖高度）。

除上述内容外，纵断面图上还应标出新旧管线连接与交叉处、地下建（构）筑物的位置，以及桥涵的位置等内容。

（二）横断面测量

在管线中线各里程桩（包括整桩和加桩）处测定垂直于中线的方向线，观测该方向线上里程桩两侧一定范围内各坡度变化特征点的高程及特征点与该里程桩的距离，根据观测结果绘制断面图，这项工作称为横断面测量。横断面图反映了管线两侧的地面起伏情况，供设计时计算土石方量和施工时确定开挖边界用。横断面施测宽度由管道的直径、埋深以及工程的特殊要求共同确定，一般为每侧各 20 m。高差和距离观测结果精确到 0.05 ～ 0.1 m 即可满足一般管线工程要求，因此可采用简易工具和方法进行横断面测量以提高工作效率。

1. 横断面方向测定

横断面方向一般以方向架或经纬仪进行测定。如图 2-5 所示，方向架为一简易测量工具，由一根长越 1.2 m 的竖木杆支撑两根相互垂直的横木杆构成，横木杆中线两端各钉一个瞄准用的小钉。使用时将方向架置于中桩上，以其中一个方向瞄准相邻中桩，则另一方向为横断面施测方向。如果用经纬仪测定横断面方向，则可在需要测量横断面的中桩上安置经纬仪，后视相邻中桩，用正倒镜分中法测设与中线垂直的方向即为横断面方向。

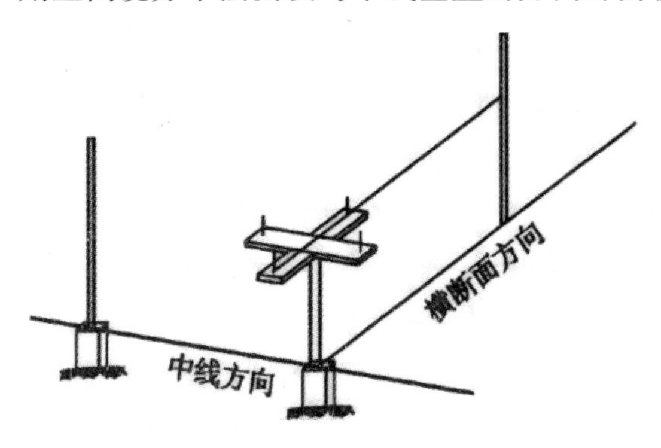

图 2-5　方向架法测定横断面方向

2. 横断面的测量方法

由于中平测量时已经测出中线上各中桩的地面高程，所以进行横断面测量时只要测出横断面方向上各特征点至中桩的水平距离和高差即可。常见的横断面测量方法有水准仪皮尺法、标杆皮尺法、经纬仪视距法和全站仪对边测量法等，下面分别加以介绍。

（1）水准仪皮尺法。当横断面精度要求较高、横断面较宽且高差变化不大时，宜采用这种方法。这种方法可以与中平测量同时进行，特征点作为中间点看待，但要分别记录。如图 2–6 所示，水准仪安置后，以中桩为后视，其两侧横断面方向上各特征点为中视，读数至厘米，用皮尺分别量取各特征点至中桩的水平距离，量至分米即可。测量记录见表 2–3。

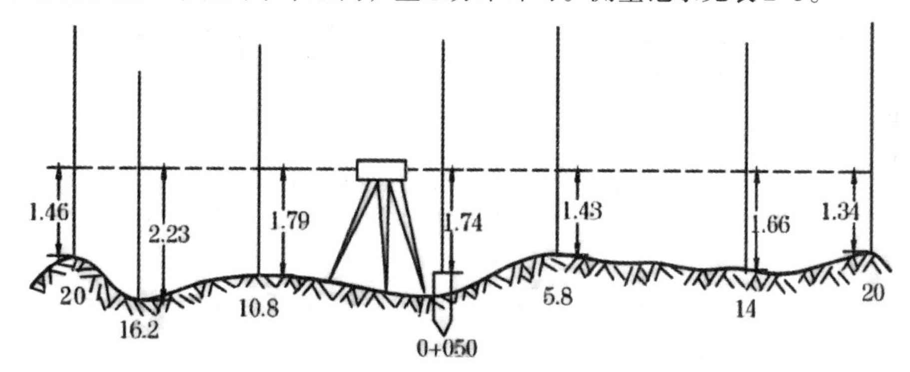

图 2–6　水准仪皮尺法测量横断面

表2–3　横断面水准测量记录手簿

日期	年　月　日		天气				观测者	记录者
测站	桩号	水准尺读数			高差		视线高程	高程
		后视	前视	中视				
	0+050	1.74						85.22
	左 +10.8			1.79				85.17
	左 +16.2			2.23				84.73
2	左 +20			1.46			86.96	85.50
	右 +5.8			1.43				85.53
	右 +14			1.66				85.30
	右 +20			1.34				85.62

（2）标杆皮尺法。如图 2–7 所示，在中桩 0 + 050 及其横断面方向各特征点上竖立标杆，从中桩沿左右两侧依次在相邻两点拉平皮尺丈量两点

间水平距离，在标杆上直接读取两点间的高差，测量数据直接记在示意图中或填入表 2-4 中。标杆也可以用水准尺代替，该方法易于操作，但精度较低，适用于精度要求较低的管线横断面测量。

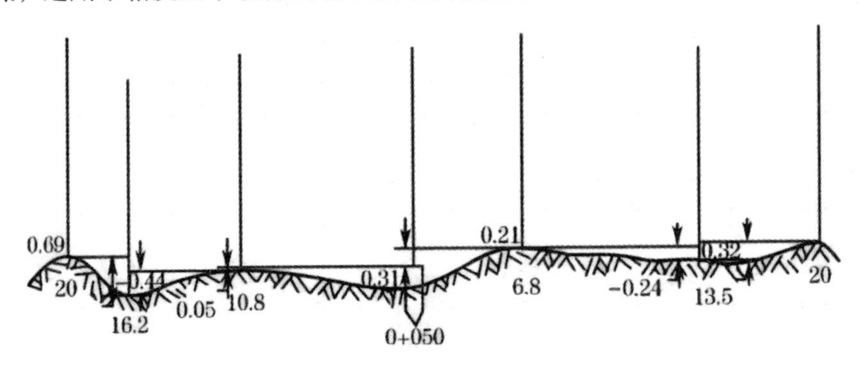

图 2-7　标杆皮尺法测量横断面

表2-4　标杆皮尺法横断面测量记录表

左侧（m）	桩号	右侧（m）
…	…	…
$\frac{0.69}{20}$　$\frac{-0.44}{16.2}$　$\frac{0.05}{10.8}$	0+050	$\frac{0.21}{6.8}$　$\frac{-0.24}{13.5}$　$\frac{0.32}{20}$
…	0+000	…

表 2-4 中按管线前进方向分左侧和右侧，中间一列填写桩号，由下往上依次填写。分数中，分母表示各特征点与中桩的水平距离，分子表示该两点间的高差，＋号表示上坡，－号表示下坡。

（3）经纬仪视距法。将经纬仪安置在中桩上测定横断面方向后，量取仪器高 i，瞄准横断面方向上各地形特征点所立视距尺，分别读取上丝、中丝、下丝读数和竖直度盘读数，即可按照视距测量方法同时计算出各特征点至中桩的水平距离和高差。该方法适合于地形复杂、横坡较陡的管线横断面测量。

（4）全站仪对边测量法。若测站 S 分别与 T_1、T_2 两目标点通视，不论

T_1 与 T_2 间是否通视，都可以测定它们之间的距离和高差，这种方法称为对边测量。全站仪对边测量法进行横断面测量时，在中桩上安置全站仪，瞄准横断面左侧第 1 个特征点上的棱镜，按距离测量键；然后依次瞄准第 2、第 3 个特征点，每次按对边测量键，都可以显示两点之间的水平距离和高差，同样方法进行右侧特征点间的水平距离和高差测量。该方法适用范围比较广，且观测精度高。

3. 横断面图的绘制

根据横断面观测结果，在毫米方格纸上手工绘制或计算机自动绘制横断面图。图 2-8 为手工绘制的某中桩横断面图。图中以中桩为坐标原点，水平距离为横坐标，高程为纵坐标；最下一栏为相邻特征点之间距离，其上一栏竖写的数字是特征点的高程。为了计算横断面的面积和确定管线开挖边界的需要，应设置相同的水平和高程比例尺。

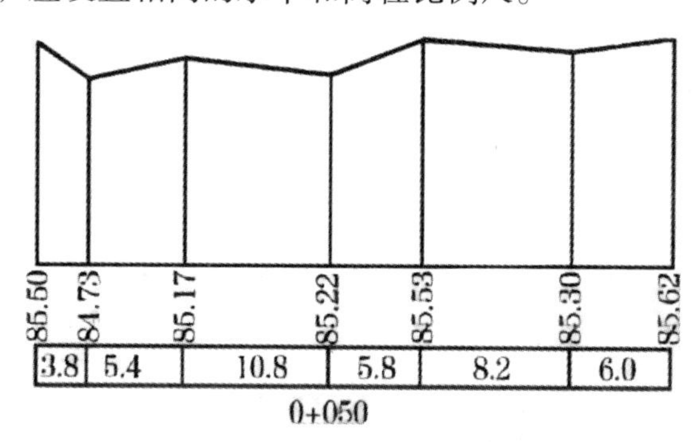

图 2-8　手工绘制的某中桩横断面图

（三）管道施工测量

管道施工测量的任务是将管道中线及其构筑物按照图纸上设计的位置、形状和高程正确地在实地标定出来。一般而言，在施工前及施工过程中，均需要恢复中线、测设挖槽边线等作为施工的依据；但各类管道按敷设位置不同，施工方法也不尽相同，多数采用明挖方法施工，但当管道穿过铁路、公路及重要建筑物时，为使交通不受影响、原有建筑物不受破坏，可采用管道顶进的方法进行施工，这种施工方法也叫顶管施工。

1. 准备工作

在施工测量进行之前，一般应进行中线校核、施工控制桩测设和槽口放线等工作，为管道施工测量做好准备。

（1）中线校核。如果设计阶段在地面上所标定的管道中线位置与管道施工所需要的管道中线位置一致，而且在地面上测定的管道起点、转折点、管道终点，以及各整桩和加桩的位置无损坏、丢失，则在施工前只需进行一次检查测量即可。如管线位置有变化，则需要根据设计资料，在地面上重新定出各主点的位置，并进行中线测量，确定中线上各整桩和加桩的位置。

管道大多敷设于地下，为了方便检修，设计时在管道中线的适当位置一般应设置检查井。在施工前，需根据设计资料用钢卷尺在管道中线上测定检查井的位置，并以木桩标定。

（2）施工控制桩测设。在施工时，管道中线上各整桩、加桩和检查井的木桩将被挖掉。为了在施工进程中随时恢复各类桩的位置，在施工前应在不受施工干扰、引测方便、易于保存桩位的地方测设中线控制桩和井位控制桩。中线控制桩一般测设在中线起止点及各转折点处的中线延长线上，井位控制桩测设在与中线垂直的方向上。图 2-9 中，点 1 为管道起点，点 3 为转折点，在中线延长线两端分别埋设两个中线控制桩；点 2、4、5 为中线上检查井位置，分别在与中线垂直的方向两侧各埋设两个检查井控制桩，利用这些控制桩可及时恢复中线的方向和各类桩的位置。

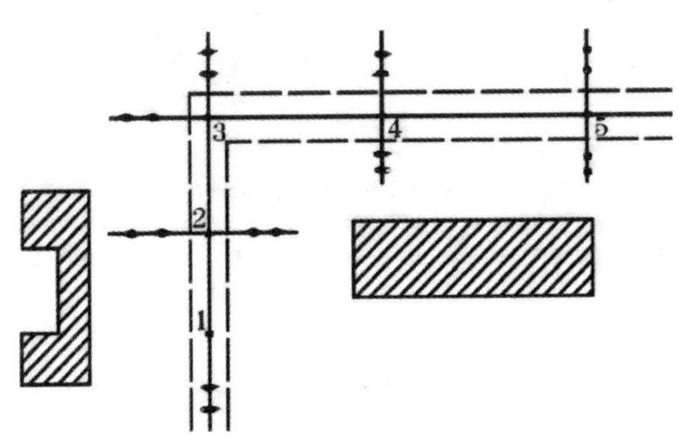

图 2-9　中线控制桩的测设

（3）槽口放线。根据设计要求的管线埋深、管径和土质情况，计算开槽宽度，并在地面上用石灰线标明槽边线的位置，如图 2-10 所示。

当地面平坦，开槽断面如图 2-10（a）所示时，槽口半宽采用式 2-7 计算；如开槽断面为图 2-10（b）所示情形时，槽口半宽采用式 2-8 计算；当地面倾斜，横向坡度较大时，中线两侧槽口宽度会不一致，如图 2-10（c）所示，则应根据横断面图，用图解法或按式 2-9 计算槽口两侧宽度。

$$d=b+mb \quad （式 2-7）$$

$$d=b+m_1h_1+c+m_2h_2 \quad （式 2-8）$$

$$d_1=b+m_1h_1+c+m_2h_3 \quad （式 2-9）$$

式中，d、d_1 分别为两种情况的槽口半宽；

b 为槽底半宽；

$1:m$，$1:m_1$，$1:m_2$ 分别为三种情况的管槽边坡的坡度；

c 为工作面宽度；

h 为挖深；

h_1 为下槽挖深；

h_2、h_3 分别为两种情况的上槽挖深。

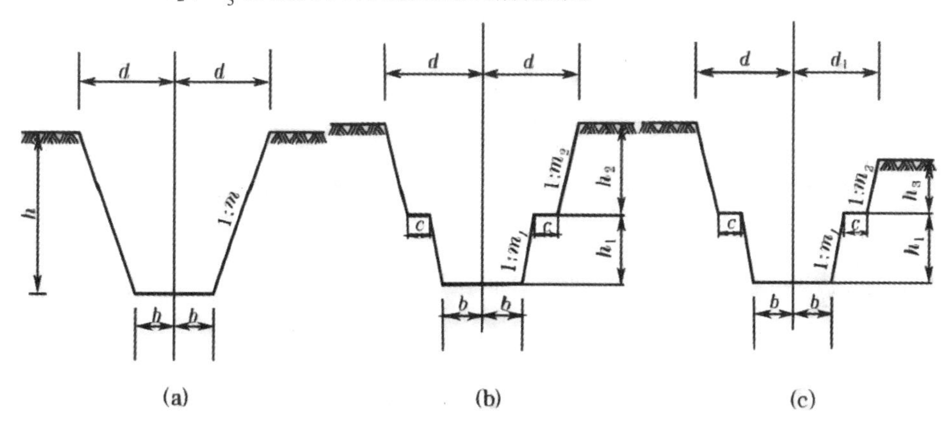

图 2-10　槽口宽度确定

2. 管道施工测量

管道施工测量的主要任务是根据工程进度的要求，测设控制管道中线和高程位置的施工测量标志，通常采取龙门板法和平行轴腰桩法。

（1）龙门板法。管道中线测量时，中桩之间的距离一般较大，管道施工时，应沿中线每隔 10 ～ 20 m 和检查井处加密设置龙门板，以保证管道位置和高程正确。如图 2-11 所示，龙门板由坡度板和高程板组成，通常跨槽设置，板身牢固，板面水平。管道的施工包括挖槽和埋设管道，相应的测量工作主要是管道中线的测设和高程的测设。

①管道中线的测设。中线测设时，将经纬仪安置在一端的中线控制桩上，瞄准另一端的中线控制桩，即得管道中线方向。固定仪器照准部，俯下望远镜，把管道中线投影到各坡度板上，并用小钉标明其位置，称为中线钉，如图 2–11 所示，各坡度板上中线钉的连线就是管道中线的方向。槽口开挖时，在各中线钉上吊垂球线，即可将中线位置投测到管槽内，以控制管道中线及其埋设。

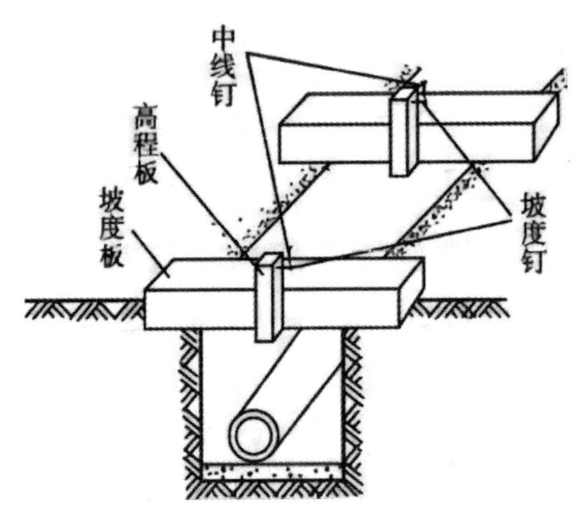

图 2–11　龙门板示意图

②高程的测设。为了控制管槽的开挖深度和管道的埋设，将水准仪安置于管道中线的一侧后视附近的水准点，用视线高法测出各坡度板顶的高程。根据管道起点的管底设计高程、管道坡度和各坡度板之间的距离，可以计算出各坡度板处管底的设计高程。各坡度板顶高程与其对应管底设计高程之差即为由坡度板顶往下开挖的深度（实际开挖深度还应加上管壁和垫层的厚度），通常称为下返数。下返数不可能恰好为整数，且各坡度板的下返数也不一致，因此施工时以此数来检查各坡度板处的挖槽深度极不方便。如果能够使某一段管线内各坡度板的下返数为一预设的整分米数，该段管道施工时，施工人员只需用一木杆，其上标定预设下返数的位置，便可随时检查管槽是否已经挖到管底的设计高程。为此应对各坡度板加一调整数 ε，即

$$\varepsilon = C-(H_{板顶}-H_{管底}) \qquad （式 2–10）$$

式中，ε 为每一坡度板顶向上量或向下量的调整数，上量为正，下量为负；

C 为下返数的预设整分米数；

$H_{板顶}$、$H_{管底}$分别表示坡度板顶高程与对应管底设计高程。

根据计算出的 ε，在高程板上自板顶用钢卷尺向上或向下量取 ε，以小钉标确定其位置，该小钉称为坡度钉，见图 2–11。这样相邻坡度钉连线便与管底设计坡度平行，且高差为预设的下返数 C。

表 2–5 为坡度钉测设记录表，表中第 3 列为管道的设计坡度，第 4 列是根据管道起点的设计高程、设计坡度和相邻龙门板间距计算的管底高程，第 5 列是由视线高法观测的板顶高程，第 6 列为实际下返数，即第 5 列与第 4 列之差，第 8 列是按式 2–10 计算得的调整数 ε，最后一列坡度钉高程等于板顶高程与调整数之和，即第 5 列与第 8 列之和，可以由第 4 列与第 7 列之和即管底高程与预设值 C 之和加以检核。

表2–5　坡度钉测设记录表

板号	距离	坡度	管底高程	板顶高程	下返数	预设值 C	调整数 ε	坡度钉高程
1	2	3	4	5	6	7	8	9
0+000			83.240	85.487	2.247		− 0.047	85.440
0+010	10		83.180	85.402	2.222		− 0.022	85.380
0+020	10		83.120	85.413	2.293		− 0.093	85.320
0+030	10		83.060	85.366	2.306	2.200	− 0.106	85.260
0+040	10		83.000	85.295	2.295		− 0.095	85.200
0+050	10	−6‰	82.940	85.152	2.212		− 0.012	85.140
0+060	10		82.880	85.208	2.328		− 0.128	85.080
:	:	:	:	:	:	:	:	:

龙门板上坡度钉的位置是管道施工时的高程标志，在坡度钉钉好后，应重新进行一次水准测量，检查是否有误。另外，由于在施工过程中龙门板可能经常会被碰动或因阴雨而下沉，所以应定期进行坡度钉的高程检查。

（2）平行轴腰桩法。当管道坡度较大、管道直线段较长、管径较小且精度要求不高时，可在中线的一侧或两侧设置一排平行于管道中线的轴线控制桩，桩位应位于槽口灰线之外，平行轴线与管道中线的距离为 a，各桩间距为 10 ～ 20 m，各检查井位也应在平行轴线上设桩。当管道沟槽挖至一定深度时，为了控制管底高程，可根据平行轴线在槽坡上打一排木桩，使这排木桩的连线与中线平行，这排桩称为腰桩。

3. 顶管施工测量

当地下管道穿过交通线路或其他重要建（构）筑物时，为了保障正常的交通运输、建（构）筑物的正常使用，以及避免施工中繁杂的拆迁工作，一般不允许开槽施工，而是采用顶管施工的技术。顶管施工前应挖好工作坑，在工作坑内安放导轨，将管材放在导轨上，用顶镐的办法，将管材沿设计方向顶进土中，边顶进边从管内将土方挖出来，直到贯通。顶管施工的测量工作主要包括中线测设和高程测设。

（1）准备工作。顶管施工测量之前应设置中线控制桩、顶管中线桩、坑底临时水准点并安装导轨。

①中线控制桩和顶管中线桩的设置。根据设计图上管线的要求，在工作坑前后设置两个中线控制桩，如图 2–12；然后确定开挖边界，当条件允许时，工作坑应尽量长些，以提高中线测设精度。工作坑开挖到设计高程后，根据地面上的管道中线控制桩，用经纬仪将管道中线引测到前后坑壁和坑底，并以大钉或木桩标示，此桩称为顶管中线桩，作为顶管的中线位置。

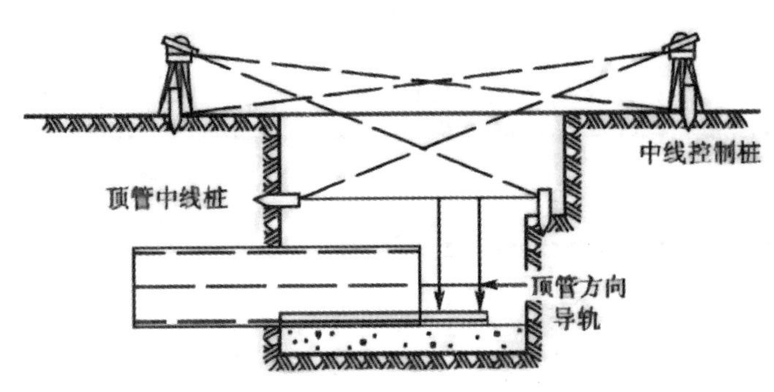

图 2–12　顶管施工测量

②临时水准点的设置。为了控制管道按设计高程和坡度顶进，还应在工作坑内设置临时水准点。为便于检核，最好设置两个临时水准点。

③导轨安装。导轨一般安装在方木或混凝土垫层上，垫层面的高程和纵坡都应当符合设计要求，为方便排水并减少管壁摩擦，其中线高程应稍低于两侧。根据导轨宽度安装导轨，根据顶管中线桩和临时水准点检查中心线和高程，然后固定导轨。

④中线测设。如图 2–12 所示，通过顶管中线桩拉一条细线，并在细线上挂两垂球，两垂球的连线即为管道方向；若坑底已经设置有顶管中线桩，可将经纬仪安置在坑底中线桩上，照准坑壁上中线桩，也可以指示顶管的中线方向。在管内前端水平放置一把木尺，尺长等于或略小于管径，使它恰好能放在管内。木尺上的分划以中央为零向两侧对称增加。如果两垂球的方向线与木尺上的零分画线重合，则说明管子中心在设计中线上；若不重合，则说明管子有偏差，偏差超过 ± 1.5 cm 时，管子需要校正。

⑤高程测设。在顶管内待测点处竖立一略小于管径的标尺，水准仪安置在工作坑内，后视临时水准点，将算得的待测点高程与管底的设计高程进行比较，若不符值超过 ± 1 cm，需要校正顶管。施工过程中，每顶进 0.5 m 进行一次中线和高程测量，以保证施工质量。当顶管施工长度较长时，需要分段施工，每 100 m 挖一个工作坑，采用对向顶管的施工方法，贯通时，管子错口不得超过 3 cm。

表 2–6 为顶管施工测量记录表。以 0+050 桩号开始的顶管施工测量观测数据为例，第 1 列是根据 0+050 的管底设计高程、设计坡度和桩间距离推算出来的；第 3 列是每顶进 0.5 m 时观测的管子中线偏差值；第 4 列、第 5 列分别为水准测量后视读数和前视读数，即临时水准点和待测点处的水准尺读数；第 6 列为待测点应有读数，即根据临时水准点处的视线高与待测点设计高程相减得到；第 7 列为高程误差，即第 5 列与第 6 列之差。表中此项误差均未超过 ± 1cm 的限差要求。

表2–6　顶管施工测量记录表

设计高程（管内壁）	桩号	中心偏差（m）	后视读数	前视读数	待测点应有读数	高程误差（m）	备注
1	2	3	4	5	6	7	8
82.640	0+050	0.000	0.695	0.684	0.683	0.001	水准点高程为 82.628 m i=−6‰ 0+050 管底高程为 82.640
82.637	0+050.5	右 0.003	0.726	0.715	0.717	−0.002	
82.634	0+051	右 0.001	0.741	0.738	0.735	0.003	
82.631	0+051.5	左 0.002	0.689	0.691	0.686	0.005	
…	…	…	…	…	…	…	
82.580	0+060	右 0.004	0.717	0.765	0.765	0.000	
…	…	…	…	…	…	…	

五、自动化顶管施工技术

对于距离长、直径大的大型管道施工，经常采用自动化顶管施工技术，不仅劳动强度大大降低，掘进速度也大大提升。该施工技术将激光水准仪安置在工作坑内，按照水准仪的操作步骤，调整好激光束的方向和坡度，用激光束监测顶管的掘进方向。在掘进机头上装置光电接收靶和自控装置。当掘进方向出现偏位时，光电接收靶便给出偏差信号，并通过液压纠偏装置自动调整机头方向，继续掘进。

六、管道竣工测量

管道竣工后，必须测绘管道竣工图，·方面可以全面反映管道施工后的成果；另一方面，这些资料对于竣工总平面图的编绘、管道的施工质量验收、管道运营后的管理和维修，以及管道工程的改扩建都是必不可少的。竣工图的测绘必须在管道埋设后，回填土以前进行，包括管道竣工平面图测绘和管道竣工图测绘两项内容。

（一）管道竣工平面图测绘

随着市政建设的高速发展，管道种类越来越多，为了管理方便，必须分类编绘单项管道竣工带状平面图，其宽度应至道路两侧第一排建筑物外20 m，如无道路，其宽度根据需要确定。带状平面图的比例尺根据需要一般采用1 ： 500 ～ 1 ： 2000 的比例尺。

管道竣工平面图的测绘可以采用实地测绘和图解测绘两种方法进行。如果以有管道施测区域更新的大比例尺地形图时，可以利用已测定的永久性建筑物用图解法来测绘管道及其构筑物的位置；当地下管道竣工测量的精度要求较高时，可采用图根导线的要求测定管道主点的坐标，其与相邻控制点的点位中误差应在 ±5 cm 范围内，地下管线与邻近的地上建筑物、相邻管线、规划道路中心线的间距中误差应在图上的 ±0.5 mm 范围内。各类管道竣工平面图的测绘要点分别陈述如下。

1. 给水管道

测绘地面给水建（构）筑物及各种水处理设施。管道的结点处，当图上按比例绘制有困难时，可用放大的详图表示；管道的起始点、交叉点、分支点应注明坐标，变坡处应注明标高，变径处应注明管径和材料；不同型号的检查井应绘详图；还应测量阀门、消火栓以及排气装置等的平面位置和高程，并用规定的符号标明。

2. 排水管道

测绘污水处理构筑物、水泵站、检查井、跌水井、水封井、各种排水管道、雨水口、化粪池以及明渠、暗渠等。检查井应注明中心坐标、出入口管底标高、井底标高和井台标高，管底标高由管顶高程和管径、管壁厚度算得；管道应注明管径、材料和坡度；不同类型的检查井应绘出详图。

3. 自流管道

应直接测定管底高程，相对于临近高程的起始点，其高程中误差应在 ±2 cm 范围内。管道间距离应用钢尺丈量。如果管道互相穿越，在断面图上应表示出管道的相互位置，并注明尺寸。要依靠管线本身的特点进行检查。如自流形式的管线像雨水、污水管线，管内底高都是从高到低。如果出现异常，像反坡，可能是管底高程出现错误。又如雨水、污水等管线井距应该是固定的，如不固定时，就需要分析原因。

4. 输电及通信线路

测绘总变电站、配电站、车间降压变电所、室外变电装置、柱上变压器、铁塔、电杆、地下电缆检查井等通信线路应测绘中继线、交接箱、分压盒、电杆、地下通信电缆入口等。各种线路的起始点、分支点、交叉点的电杆应注明坐标，线路与道路交叉处应注明净空高度，地下电缆应注明深度或电缆沟的沟底标高；各种线路应注明线直径、导线数、电压等数据。各种输变电设备应注明型号和容量；测绘有关的建（构）筑物及道路。

5. 原有管道

对于原有管道根据具体情况采用调查法、夹钳法、压线法、感应法等不同的探测方法。调查法分下井调查和不下井调查两种，一般用 2 ～ 5 m 钢卷尺、皮尺、直角尺、垂球等工具，量取管内直径、管底（或管顶）至井盖的高度和偏距，以确定管道中心线与检查井处的管道高度。一口井中有多个方向的管道，要逐个量取并测量其方向，以便连线，若有预留口应该注明。下井调查时必须事前分析掌握管道分布情，了解基本常识并采取相应的防护措施。若检查井已被残土埋没无法寻找时，可用其他方法配合调查法进行。

图 2-13 为某给排水管道工程竣工平面图，图中标明了检查井的编号、

井口高程、管底高程、井间距离以及管径等，还用专门的符号标明了阀门、消火栓、水表以及污水管道等。

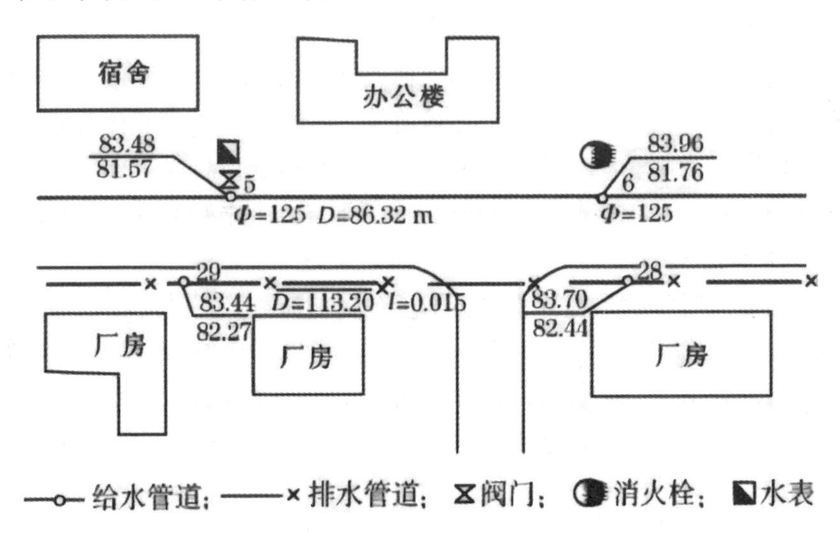

图 2-13 给排水管道竣工平面图

（二）管道竣工图测绘

设计施工图中通常都有管道断面图，包括管底埋深、桩号、距离、坡向、坡度、阀门、三通、弯头的位置与地下障碍等。绘竣工图时，应将所有与施工图不符之处准确地绘制出来，如管道各点的实际标高，管道绕过障碍的起止部位，各部分尺寸，阀门、配件的位置标高等。绘制时，断面图与平面图应对应。应认真核对设计变更通知单、施工日志与测量记录，以实际尺寸为准。

七、市政道路给水管的安装施工

市政道路给水管的安装施工是城市建设中的一个重要环节。在城市中建设给水管道，是为了为居民提供干净卫生的饮用水，也是城市基础设施建设的必要内容，市政给水管道的安装施工必须按照相关规定和标准进行。

（一）十分重要的前期工作

在进行市政道路给水管道施工前，必须进行详细的设计和规划，包括给水管道线路和所用材料的选定、管道的深度和坡度等，并且需要进行评估工作，评估施工所需时间和费用，制定完善施工计划。

（二）市政道路给水管道的材料选用

市政给水管道的材料应该具备以下条件。

一是化学稳定性要高，能够抵御化学腐蚀。

二是具备良好的接口性能，能够进行连接并确保接口的密封性。

三是管道管径应当符合城市规划要求。

四是管道应当对变形能够具有很好的韧性。

五是抗断裂性能要高。

（三）开挖施工

施工时应根据给水管道的设计进行开挖。必须确保施工过程中所使用的挖掘机具有良好的品质和性能。开挖施工中还要遵守安全规定并在开挖区域标志清晰明确的情况下进行，确保人员安全。

（四）管道安装

给水管道被安装之后，必须进行水平测量以确保其准确度。然后管道可以被安装在挖掘出的沟槽内。依次安装每一节管道，全长由一组组代号相同、直径相同的管道排列组合而成。之后再进行连接，必须确保连接密封度良好。

（五）管道回填

管道安装完毕后，必须进行回填。回填须注意管道顶部回填 5 cm 左右，然后压实，依次完成，直至回填到地面平整为止。

（六）排水试验

安装完成后，要进行排水试验，试验时间至少为 12 小时，能经受住压力测试，达到生产要求为止。对于检测出现泄漏的地方，应当及时进行修复。

市政道路给水管的安装施工是涉及居民生活和城市建设的一个非常重要的环节。在施工过程中，必须遵守安全规定，贯彻标准要求，确保施工质量，达到生产要求，确保城市基础设施完善，为居民的便捷生活提供坚强支持。

第二节　市政节能给水技术应用

一、建筑给水、排水与节能的关系概述

从定义上讲，建筑物的给水排水属建筑安装领域，同时又是给水与排水工程的一个主要分支领域，它把给水与排水的主要功用范畴界定在建筑物之内，以满足建筑功能、保证施工品质的目标。从功能上讲，无论是在建筑物的内部实现饮用水供给还是水源排放，都离不开能源消耗和自然资源损耗。满足市政建筑给水排水的节能设计要求是一个复杂的综合性工程，应在建筑的规划设计时期就充分考虑，涵盖节水、节能、节地的要求。给水排水和节能间的关系是相当密切的，一方面能源消耗所带来的动能保证城市建设中对水体资源的高效使用，另一方面水资源自身又是宝贵的，因此应全面考虑回收再使用，以降低建筑在几十年甚至上百年使用过程中产生的总体耗能。换言之，由于给水排水的节能工艺是根据工程的整个生命周期理论进行的制定，因此在设计施工阶段，就必须耗费巨大的自然资源，而在实际使用过程中，大规模的日常生活供水、消防工作供水、工业生产供水等，则必须耗费各种各样的资金即生产成本。选用合理的节能技术，能够降低对自然资源的耗费，减少对过多能量的耗费，并以此达到一种合理的建筑使用要求。

二、建筑给水排水节能依据与现状

建筑行业是名副其实的高能耗行业，统计资料表明，建筑能耗约占全社会总能源的 20% ～ 30%，额国建筑全过程能耗占全国能源消费总量的 45%。尽管我国目前制定了大量的立法条例，为建筑节能提供了具体的法律依据，包括《中华人民共和国建筑法》《中华人民共和国节约能源法》，以及行业标准，包括《公用建筑节能设计标准》《节水型生活用水器具》（GJ/T 164—2014）等，为建筑给水排水节能提供了依据。

结合现象来看，当前建筑中给水排水耗费最突出的因素大多是由超压出流供水所造成，即给水系统配套的阀件压比额定的流速过大，使得整体给水系统出现了不平衡的状况，从而损害整体控制系统，形成了供水分配

的失衡问题。在生活用水领域也有类似的现象，洗浴所用水的温度如果在前期达不到一定目标，水就会被尽可能地排放掉，而不会形成其他的使用价值。

在现代化城市建设中，尽管市政给水设施发展迅速，但面对日益增长的供水需求，对给水工程建设构成挑战，尤其是受给水节能意识欠缺、给水工程规划不科学、管道敷设方案不合理、节能节水技术应用受阻等问题影响，实际节能节水效果并不理想，阻碍市政给水工程健康发展。

给水节能意识欠缺。市政给水工程主要侧重于城市给水安全与效益方面，给水节能理念有所欠缺，以至于实际给水工程中没能有效结合节能节水理念。所以，多数给水工程对节水指标控制较为宽松，导致浪费问题依然存在。而且，实际给水设施中，给水标准也未能进行分类设计，存在许多并不需要达到饮用标准的耗水项目，如绿化用水等，这也是水源浪费的重要表现。若给水工程建设仍旧未能采取分类标准，会使浪费问题延续。此外，群众的节能节水意识匮乏，也是市政给水节能需要考虑在内的问题。

给水工程规划不够科学。由于城市化的不断推进，给水工程作为重要城市配套工程，若仍采取早期规划策略，将会使给水工程很难满足发展需求，因此，要有新的转变。给水工程规划应有前瞻性，要着眼城市未来发展，把握好给水需求，保证城市长期发展下的给水安全。在城市历史发展中，由于对给水工程未能有科学规划，仅依据当前状况及需求，进行给水设施建设，以至于跟不上城市发展进度，加之城市人口的激增，不仅加大了市政给水的压力，也使得早期建设的给水管道问题频发，老旧给水系统节能改造面临挑战，需对其做出重新规划，并大力改造老旧给水系统。

管道敷设不够合理。当进行给水管道敷设工作时，通常出于管道安全考虑，减少外力破坏概率，往往管道位于较深的地下，带来较高的维护难度，这也是早期给水工程常用方法。而日益加快的城市扩张速度，使得技术管道维护改造任务持续增长，暴露出管道敷设的较多问题。许多给水工程施工人员，在未开展实地考察的情况下，仅利用以往给水管道施工经验，很难保证管道敷设质量。同时，对于土壤环境下的管道腐蚀，早期给水工程也考虑不周，未能做好保护措施，以至于铁质的给水管道严重老化，而且内壁结垢问题严重，带来更大的给水输水阻力。

节水节能技术应用受阻。在城市给水系统建设中，受传统技术思维限制，往往局限于常规给水系统，而对更具节能节水效能的技术，如中水系统、太阳能技术等，常因成本等原因而面临给水系统改造难题。同时，也正因为技术应用受阻，节水潜力得不到充分开发，限制市政给水工程良性发展。此外，中小城市给水系统规模小，资金与技术实力薄弱，在节水节能技术开发应用上，也面临着推动力不足的问题。为此，需在综合考虑成本效益基础上，做好给水节能技术研发，切实筑牢给水工程节能基础，实现更好发展。

三、市政建筑给排水节能节水的重要意义

（一）经济发展的必然要求

当前，自然资源匮乏在一定程度上影响了国民经济的高速增长，同时这个难题也变成了全人类必须面临的重大问题。在建筑工程给排水设计与施工的环节中进行节水技术与低碳科技的运用，对降低给排水建筑中自然资源的损失，提升对自然资源的利用效率具有很大的意义。同时，也对建设节能型、环保型和节水型建筑，促进社会经济的健康发展有着十分重要的作用。

（二）环境保护的内在需求

由于可持续发展理念越来越深入人心，环境问题引起了国际社会许多人士的关心与重视。所以，对于如何尽量减少能源耗费，进行水资源节约工作变成了许多社会人士所关心的热门话题。只有更加合理地进行节能节水工作，才能够尽量减少对自然环境所造成的污染，进而实现市场经济社会的可持续发展。

（三）提升人们生活水平的现实需求

由于人类生存技术水平逐渐提升，人类对生存环境的需求进一步增加，因此，进行能源节约和降低生活用水势在必行。在建筑给排水施工过程中运用节能节水工程技术，能够充分提升对自然资源的利用效率，从而有效降低自然资源的浪费。

（四）助力国民经济持续发展

自然资源不仅是天然的能源，也是我国社会经济发展的重要支撑。一旦自然资源短缺，会影响国民经济的发展。而对于国民经济来说，开展建筑节水节能的工作，在一定程度上推动着社会经济的发展。对于自然资源的保护来说，离不开实体经济的发展与壮大。通常在工业产业中需要强大的能源保护，自然资源往往是能源转换过程中最重要的部分。在市政工程

建设过程中，医院、高校等公共建筑往往会要求使用工厂的废气热水来供给能源，采用良好的节能节水技术能够很好地解决这一问题。因此，市政工程的节能节水技术在一定程度上具有推动整个城市交通与经济共同发展的关键作用。

（五）解决环境问题

经济建设的规模逐渐增加，以及人民对生活品质需求的日益增加，都对各种资源产生了更大的需求，同时也对环保产生了更加紧迫的威胁。马克思经济发展理念指出，经济要全方位平衡可持续地发展，对人与自然环境、发展与环保之间的根本矛盾，更明确突出了环保意识与资源节约的重要意义。而市政建设的给水排水充分利用节水科技，能够在一定程度上避免浪费，解决节水、循环用水问题。在目前自然资源严重匮乏的形势下，推动了资源节约减排的工作进程。所以，将节水科技运用到市政建设的给水排水管理工作中，建设环境友好型、资源节约型社会，才能够切实有效地缓解城市中的环境污染问题。

四、节能给水技术应用对策

面对市政工程给水节能诸多问题，突出了给水工程改良紧迫性，应当从多方面入手，在增强政府、企业及群众节能节水意识的基础上，结合城市给水系统现状，对其做出科学规划。善于运用给水施工节能措施，并加大先进节能节水技术应用，发挥好太阳能技术、中水系统的优势，挖掘给水工程节能节水潜力，更好地服务节能型社会发展。

（一）增强节能环保意识

为有效达成给水节能目标，首先，应由政府部门牵头实施，利用多样化、信息化的宣传渠道，广泛宣贯绿色用水节水理念，铺垫好节能给水技术应用基础。其次，对于给水工程管理单位，要从内部宣传培训做起，提升节能给水技术水平，筑牢绿色用水理念基础，在掌握节能给水施工要点同时，摆正自身态度与责任意识，真正提高节能给水工程质量。而且，要利用给水企业资源，开展公益性质节能给水宣讲，还可组织节能给水工程大赛，鼓励广大用户参与并给出给水节能建议，实现节能节水意识全面提升。最后，政府主导环境保护相关会议，并要求相关企业参与其间，明确节水节能的政策高度，敦促给水管理单位加大节水节能技术投入，全面推动给水工程绿色发展。

（二）对给水系统进行科学规划

在市政工程中，给水的重要性体现在与居民生活的紧密联系，在开展给水施工规划时，相关单位需对给水节能加以重视，明确城市发展特点，将用水额度控制在比较合理的范围内，并在此基础上科学构建给水系统。在进行给水工程规划时，应当根据实际条件，适当地引进新能源机制，比如利用太阳能的节能优势，来优化给水加热能耗问题，有效减少给水加热所需电量、天然气等能源，从而实现给水节能的效果。同时还应当注意供水方法的选择，比较常见的市政给水方式有直接供水法或分开供水法，其中分开供水主要是通过建立专门的分节点加以实现。在此过程中还应当适当地控制供水规模。通常来说，对于人口数量多的城市，高层建筑在土地利用上达到极致，但也对市政给水带来难度，建筑高度的增加，使得供水压力的要求往往很高，因此，应慎重选择供水方式，通常需要进行二次供水，而且给水方式的合理性，关系着建筑水源利用效率，也对后续改造留有不小空间。

当涉及具体供水工作时，高层建筑和低层建筑有着明显区别，一般利用水泵提供压力来完成高层建筑供水，而正常水压已经能够满足低层建筑供水的基本需求，不需要额外加压。在供水时应注意水压平衡，防止不同位置水压差别过大出现安全事故。在供水时应提前建好蓄水池，这关系整个城市用水安全，通常需要保证其水源充沛。在具体规划过程中，相关人员应当做好调研工作，明确城市实际用水量，选择合理规划深度，避免过度浪费能源。其中，水资源回收也是重要给水节能措施，需要充分利用雨水，并采用合理的方法对其进行收集处理，进而将大量雨水转化为可饮用水，而对于一些无法用于饮用的水，还可以将其应用于城市其他生产生活领域，例如灌溉植被和喷洒公路降温等。在建造给水系统时，一定要注重提高其工作效率，减少对周边环境的影响，同时还需要及时更换老化陈旧的工作设备。做好数据调研工作，针对不同雨水天气采取适当的措施处理，切实提高给水整体效率。

（三）合理运用给水工程施工中的节能措施

首先，减少电耗相关措施，由于给水系统需依赖电力驱动，通过优化其输水水力条件，可降低给水管内阻力耗能，所以要选取合适给水管材，如球墨铸铁管，不仅可保证内壁光滑，还有良好的抗锈性能，给水循环阻力较小，再加上水泥砂浆衬里，可减轻常见内壁结垢问题，进而提供良好的输水环境。其次，减少水耗的节能措施，面对布局复杂的给水管道，其管节及配件连接处，通常是导致漏损问题的主要部位，可采取热熔连接方式，以减少可能出现的接口漏水，同时，接口密封性处理也很关键，对于管节配件承接部位，应选择优质密封圈，提升给水管道整体密封性，有效降低管道系统漏损。最后，减少给水施工能耗，在给水工程现场，要依托管道布局，并严格遵守用电要求，合理布设给水工程临时用电，既要确保临时用电安全性，还应当尽可能选用节能设备，并交由专人负责。在进行沟槽作业时，由于给水管道长且重，需用到大量吊运车辆，而其主要依赖常规能源，若不对给水施工机械调度方案加以优化，则会面临更多油气消耗，所以要合理选用吊运车辆，并做好给水施工现场调度。对给水施工中的临时用水环节，也需落实好相应节水规定，并实施严格监管，减少施工环节水资源浪费。此外，为确保给水管道耐压性与严密性，在竣工阶段，要严格履行试压及消毒要求，检测给水系统渗水量是否达标，并保持管道干净卫生状态，确保给水系统安全交付使用。

（四）中水系统的合理化应用

中水为房屋建筑空调机组冷却循环水、生活污水处理及其雨水统称，把这些水源通过适度的处理方法以后可用作房屋建筑附近园林绿化、洗手间马桶冲水等。减少了对市政自来水消耗，产生一定的节能效果。

绿色建筑给水排水设计应秉持着“节约开支”的最基本观念，除开减少建筑给水排水系统内各种机器的能源消耗水准外，还可以转换思路，根据节约水资源来减少给排水系统的运行时长，以达到环保节能目标。在这一方面，综合利用中水效果最为突出。

1.雨水回收再利用

雨水是中水不可或缺的一部分，在建筑规划设计中应设计专门雨水回收装置，依靠房屋建筑上定制的屋顶排水管将雨水收集系统到截污挂篮，滤掉比较大的各种垃圾和脏东西，然后利用气旋过滤系统和降水过滤装置进一步过滤沉积，降水进到蓄水池以后经污水提升泵充压用以园林绿化及马桶冲水等。这一过程水路比较短，达到就近运用，不需长距离运输，其节能效果突显。

雨水收集利用就是使用物理学、有机化学或是生物科技对已经收集雨水开展二次加工，使之达到要求水休条件后用以地面洒水、草地浇灌，及洗手间清洗清除，从而减少城市自来水资源采用与消耗。对于建筑给水排水设计中的雨水收集利用状况，一般平屋面降水根据供水管道进到地底降水沉淀池开展沉积并转到贮水池，然后经过离心水泵注入杂用水贮水池，最终运用氯消毒液对降水消毒杀菌并送往中水管道系统软件。通常在雨水收集系统环节中，不搜集降水前 2 min 的雨水，为此减少雾霾或除尘所造成的水源污染风险性。不过需注意，必须按照工业污水处理标准进行雨水处理，确保雨水处理品质合格并合乎绿色环保发展趋势要求。通过深度处理的雨水还可以用于生活用水。除此之外，依照雨水回收利用处理办法，对生活污水处理或开展回收利用，可进一步提高水资源利用率。

2. 生活污水处理及回收再利用

生活污水中带有比较多无法立即处理的废弃物，因此需要经过专门中水处理站完成净化处理，而中水处理站的选址重要性将会直接关系到中后期所使用的能源消耗水准，中水处理站选址需要考虑每个自来水区域遍布，由于通水环节中必定会耗费能源，有效布局中水处理站能降低总体能源消耗。

（五）对太阳能技术引起重视

对于市政给水系统而言，合理地引入太阳能技术，也能实现给水效率的进一步提升。在太阳能技术实际应用期间，应当根据建筑物的特点，合理选择安装太阳能的方法，充分发挥其节能作用，保证热水供应系统正常运行，实现常规能源的绿色替代。例如，当建筑比较复杂时，应当在屋面处进行安装工作，在上面放置水箱和太阳能板，同时利用加压泵来完成水资源的运输工作，将水送到热水箱，即为住户用水提供便利，也降低热水供给成本，从而提高给水工程综合效益。

（六）深度发掘节水潜能

当涉及给水管理工作时，相关人员一定要做好水资源循环利用工作，针对用水设备应当按时进行检查，一旦发现给水设备故障，应当快速完成维修工作，降低渗漏情况发生的概率，从而减少补水量。在市政给水管理工作中，通常还需要进行计量，便于对水表进行合理设置。为了提高抄表效率，建议引入周期网络抄表技术，能够及时发现用水异常情况，提高维修效率。与此同时，用水管道也是管理工作的重点内容，一定要保证施工质量，降低漏水发生的概率，减少对住户正常生活的干扰。在完成工程任务后，应选择一些方便的公共场所进行宣传，比较常见的宣传方式有张贴节水海报和标识等，引起人们对给水节能的重视，最终实现节水的目标。

第三节 市政给水管道施工质量控制

一、市政给水管道工程施工质量通病及治理

（一）质量通病

1. 市政给水管道偏移

施工图是市政给水管道施工的重要参考，但是由于施工过程中所遇到的施工条件比较特殊，因此市政给水管道施工有时很难保证走向的准确性，经常会出现走向偏移的质量通病。在具体施工过程中，测量人员没有准确把握好测量数值，从而将错误的数据提供给设计人员，导致设计图纸不符合规定要求。或者在管道施工过程中，由于没有严格按照操作要求进行操作，而影响了施工的顺利进行，出现了管道偏移问题。另外，受到客观因素的影响，对管道施工产生了严重的阻碍，进一步增加了施工偏差的发生概率。

2. 市政给水管道漏水渗水

针对管道渗水漏水通病来说，之所以会频繁出现，主要就是因为施工技术不符合规范要求，没有合理控制施工，或者所运用的施工材料质量达不到规定要求。如果对存在的质量隐患没有及时地了解，也没有做好测量和排查工作，将进一步增加隐患的恶化。为了有效规避此问题，需要对施工工艺和管理工作更加关注和重视，加强施工质量通病的治理力度。

3. 市政给水管道阀门井施工的质量通病

阀门井质量问题是市政给水管道工程施工质量通病的主要内容，如果没有严格按照相关要求合理设计管道，很容易增加阀门行骗的概率，导致阀门表面出现大量的裂缝。除此之外，如果设计存在不足或者没有深入地分析数据，很可能导致井室和井口高度出现差异。

（二）质量通病的产生原因

1. 给水管道不能准确对接

在具体的市政给水管道工程施工中，常会出现因施工前测量人员进行实地的测量时数据出错，或者测量数据直接引用没有及时中断校对来消除测量误差的累积现象，此外，在正常的施工过程中也会遇到客观的施工环

境问题，如地表上方的建筑物等。在图纸的设计过程中，一些给水管道工程施工团队没有很好地制定准确的管道参数和路线坐标等细节信息，这些关键性参数信息的缺失是形成操作人员具体施工中出现管道不能正常对接的主要原因。

2.给水管道在漏水问题上不能有效控制

给水管道的间接性漏水或者局部漏水都在一定程度上削减了原本给水管道的输水能力，其主要原因是管材质量本身在给水工程运作中得不到有效保证，一旦管内水压不稳定或外界环境温度改变都将造成管道破裂进而产生漏水现象。对于管道之间连接配件的质量管理也需要相应的管理人员加强监测，避免因本身抗渗能力差而出现非预期局部漏水现象，对于管道连接处的密封处理做不到专业技术施工，以及对敞口来做好有效封堵都是管道漏水问题产生的主要原因。

3.钢管腐蚀问题

一般来说出现钢管腐蚀问题的主要原因在于施工人员未对钢管进行全面的防腐材料安装，未针对特殊性局部钢管进行严格的防腐能力监测和防腐修补。除此以外，缺少管道使用前的质量检测，导致钢管内部杂质过多而促进腐蚀。相关人员在钢管安装之前未经仔细的除锈工作就投入使用，并在实际的施工中未有效进行钢管局部干燥或者隔绝保护等措施，导致钢管的使用寿命缩减与腐蚀情况的出现。

4.阀门井出现非预期变形问题

阀门井出现非预期变形问题和井周围沉陷问题的主要原因在于施工人员本身的技术能力达不到相关施工标准，无法正常利用施工图纸内部的安装信息和工程参数进行精准作业，一旦出现阀门井安装位置倾斜而导致受力不均则形成非预期变形工程。另外，使用的井盖质量也是形成内部压迫变形和外部承重变形的主要原因。

5.市政给水管道施工中出现回填土沉陷问题

出现回填土非预期沉陷的主要原因是回填土本身的质量达不到给水管道要求的承载力和含水能力，对于夯实流程的把控也做不到全面仔细和夯压力度均匀标准，从而导致回填土的密度达不到作业要求出现沉陷，而且阀门井施工方向错误也会导致对周围土壤压力过大而形成回填土沉陷。

（三）质量通病的治理

1.给水管道位置偏移治理措施

在市政给水管道施工过程中，位置偏移问题发生的最主要原因就是受到了人为因素的影响，施工人员必须严格按照施工要求开展规范性的操作，以有效控制管道偏移质量通病。首先，在做好全面的测量后再铺设管道，在测量过程中，需要全方位地统计数据，特别是对于交接桩来说，需要适当增加测量次数，并制定明确的措施加以保护。其次，合理进行放样并测量管道，避免外界因素对其产生影响，保证测量的精准性。最后，施工队伍的所有操作都需要严格遵循相关要求，对施工实际情况及时地了解，结合施工现状合理变更。

2.漏水和渗透治理措施

在管道施工质量控制中，比较重要的环节就是漏水渗水问题的控制，需要充分重视设计和施工方面，以有效降低该问题的发生概率。在设计管道工程时，需要对工程的地质条件及工程要求等进行全面的分析和考虑，结合具体的施工实际，对设计方案加以优化，并明确具体的措施，以改良地质，避免因地基问题而导致管道出现渗水和漏水问题。通常来说，在加固和改良地基时，以土壤置换方法最为常用，通过此方法可以有效促进地基积承载能力的提高，使地基容易出现的沉降问题得到明显的改善。再者，必须结合相关规定要求合理选择管道材料，确保所有管道材料质量达到规定要求，将水压较高的管道点处理好，在稳定的情况下进行管道的输水。同时，需要处理好管道材料，增强其抗腐蚀性，避免管道出现问题。因此，在治理管道的漏水和渗水问题时，必须严格遵循相关规定要求，将各个环节的施工准确把握好，采取多元化的措施来促进地基稳定性的提高，从而保证给水管道工程质量达到规定要求。

3.阀门井的质量管理控制

在质量通病治理过程中，阀门井施工必须引起注意，针对部分施工来说，属于混凝土施工，为此需要将混凝土材料质量严格控制好，做好混凝土的配比，从而保证混凝土的强度达到规定要求，并对混凝土材料的型号等进行全面的检查，确保符合工程实际。在雨季施工时，需要合理保护混凝土结构，严格控制混凝土浇筑环节的质量，避免外界因素影响混凝土施工。在工程中，还需要对阀门井的井口设计和标高进行全面的检查，确认其没有任何问题后再进行后续的施工，保证工程质量与设计要求相统一。

4.管道的安装和水压试验管理

在安装管道的过程中，很容易出现质量通病，一旦出现问题将直接影响管道安装效果。为了有效规避这些问题的产生，保证管道安装符合实际要求，必须在安装之前进行管道的水压试验，以及时发现渗水漏水点，全面检验工程质量。因此，在开展管道水压试验时，必须严格遵循相关要求，确认管道试验没有任何问题后再进行回填施工。管道关键施工点及接口处非常容易出现渗水及漏水问题，必须对此部分加强注意，密切观察，出现问题要采取合理的措施进行处理，并重新进行试压。

5.沟槽开挖阶段的质量通病治理

在市政给水管道施工中，比较主要的就是沟槽开挖，沟槽开挖以机械挖掘为主，然后通过人工挖掘沟槽底部，保证槽底得到有效的开挖。开挖之前需要全面勘探地质情况，对沟槽所处环境有明确的了解和认识，全面统计数据并进行深入的分析，对挖掘方案进行全面的优化。采取科学的方式处理特殊的沟槽地质，并加固软土地基，以提升地基的承载能力。

二、市政给水管道施工质量控制要点

相对其他的管道工程施工，市政给水管道工程施工较为特殊，其具体体现在以下几个方面：首先，市政给水管道要覆盖一个城市或一个区域，工程量较大，管道的分布复杂，需要协调与其他公共设施的布线走向，因此其工程规划、工程设计及工程施工的工作量较大，需要进行全面的施工规划。再者，市政给水管道工程属于隐蔽施工，管道分布主要在地下、建筑或构筑物设施中，给水管道要穿插在建筑或构筑物预留孔道中，从而给施工带来了一定的困难，这就需要严格控制工程质量，保证施工一次性完成，避免出现返修而增大施工难度的情况。

（一）强化质量管控意识

市政给水工程建设过程中，为了降低质量问题发生率，实现对工程质量的科学管控，则需要强化人员质量管控意识，并落实好管控工作。具体表现为：第一，积极开展专业性强的培训活动，实施好奖惩机制，使市政给水施工及管理人员能够对工程质量管控的重要性有正确认识，保持自身良好的综合素质，不断强化工程质量方面的管控意识，确保市政给水工程质量有效性；第二，当市政给水工程人员方面质量意识得以强化后，应落实好相应的质量管控工作，促使工程质量方面的影响因素能够得到及时消除，全面提高市政给水工程质量，实现科学管理与控制，避免影响工程的经济与社会效益。

（二）重视材料质量检查，建立高效的质量管控机制

在应对市政给水工程质量问题的过程中，也需要通过对工程实际情况分析与质量要求进行考虑，重视工程施工材料质量检查，并建立起高效的质量管控机制，给予工作开展科学指导。具体表现为：第一，在市政给水工程施工材料采购与应用过程中，需要落实好与之相关的质量检查工作，且在材料质量评估机制配合作用下，确保工程施工中所需材料的质量可靠性，满足市政给水设施高效运行方面的要求；第二，在对市政给水工程质量方面进行科学管控过程中，也需要通过对与时俱进发展要求进行考虑，将创新理念融入工程中，积极稳妥推广应用新型材料，确保该管控机制建立的高效性，从而为市政给水工程质量管控的有效性提供制度保障，保持良好的质量管控状况。

（三）建立完善的质量管理机制

由于在给水工程的施工过程中，监督管理力度的不足，使得管道施工无形之中面临着质量控制不到位的问题。首先，政府相关管理部门应对情况进行调研，寻找问题的根源，并推出相关规章管理制度，对参与施工的单位进行严格管理，并让其在施工之前进行相关安全知识的宣教，使技术人员能够具有一定的安全防范意识；其次，前文中提到过，由于部分给水工程规模较大，参与施工的单位较多，给管理部门的监督管理带来了较大的麻烦，需要对其采取分段、分区域、分时间的管理方式；而部分施工单位在施工过程中，并没有严格遵守合同条款进行施工，以至于极大可能出现质量问题，对此，可以采取双方协商补充合同的办法，以便对方案进行调整。

（四）加大对施工技术人才的引进和培养

市政给水工程施工技术的水平在很大程度上与施工技术人员有关，高质量的技术人员才能充分发挥施工技术的作用，提高技术设备的利用率。因此，企业应该加大对施工技术人员的引进和培养，健全企业培训制度，对相应技术人员进行定期或不定期的培训教育，促使他们不断更新知识库，掌握新的施工技术。同时，也可以鼓励操作人员积极参加各种社会培训活动，提升他们的业务素质。可通过分组措施，按照人员的实际情况分成若干小组展开学习，使培训更有针对性，效果更好。此外，应结合市场经济

规律和企业自身发展特点，建立健全人力资源管理制度，比如建立激励机制、奖惩机制和考核评价制度等，通过合理的激励手段提高技术人员的工作积极性，从而为企业建立一支技术过硬、素质过硬的高质量队伍。

（五）加强施工后的质量验收及安全检查

施工结束后的质量检查是整个工程监管的重要部分，部分企业为了缩短工期往往忽略质量验收以及安全检查环节，这就使工程在今后的工作中经常出现各种质量问题，这不仅需要施工单位花费大量时间进行二次施工，而且还影响企业形象以及人们的工作生活，减缓了整个城市的正常发展进程。因此管理人员应当加强对工程质量的验收以及安全检查，一旦发现安全隐患以及施工漏洞要及时采取有效措施加以补救。虽然检验环节是工程施工的最后步骤，但是公司领导也应当加强对工程验收的重视，加强工程质量、安全的验收和审查，保障市政给水工程的可靠性。在施工单位检查结束之后，政府部门还应当进行验收检查，确保工程没有质量问题之后才能正式投入使用。

三、给水管道施工过程监理质量控制

市政道路给水管道工程主要是针对生活用水系统、生产用水系统以及消防用水系统管道进行施工。通过强化施工过程监理工作，能够在很大程度上提高水资源的使用效率，充分满足城市的快速发展需求。当前，城市规模越来越大，给水需求越来越高，市政道路给水管道工程施工范围逐渐扩大，所以要加强施工过程监理，提高市政道路给水管道工程施工建设的总体质量。

（一）加强施工现场踏勘和材料进场验收工作

从监理工作层面上加强市政道路给水管道工程施工质量，相关监理人员要结合市政道路给水管道工程的现场实际情况，介入到具体的准备工作中，针对关键部分和相对薄弱的环节采取重点控制方式，同时制定有效的现场质量控制措施，防止出现工程质量问题。比如对测量放线的准确性进行监督控制，将设计图纸与施工现场进行对照，看是否存在设计图纸对地下其他市政管线标明不清的情况，还要看沟槽开挖位置、砌筑井的位置等是否有可能碰到其他市政管线，必要时进行探挖，及时发现问题，并与设计和建设单位协商解决问题。同时监理人员要对施工现场的各项踏勘数据进行核对，确保给水管道工程施工时，各项参数数据准确，提高施工质量和监理水平。加强材料进场验收是监理人员必不可少的一项工作，对每一种进场材料均要严格把关，比如管材及阀门配件品牌核对、砂和混凝土等的验收，以及见证取样，这往往关系到给水管道的质量与使用寿命。

（二）加强给水管道的水压试验

对市政道路的给水管道水压试验则需要采取科学有效的方法，试压时不得采用阀门作为堵头封板，在市政道路给水管道工程中，水压试验分为两个阶段，一是预试验阶段，将管道内水压缓缓地升至试验压力并稳压 30 min，期间如有压力下降可注水补压，但不得高于试验压力；检查管道接口、配件等处有无漏水、损坏现象；有漏水、损坏现象应及时停止试压，查明原因并采取相应措施后重新试压；二是主试验阶段，停止注水补压，稳定 15 min，对于球墨铸铁管给水管道，当 15 min 后压力下降不超过 0.03 MPa（对于钢管，允许压力降为 0 MPa）时，将试验压力降至工作压力并保持恒压 30 min，进行外观检查，若无漏水现象，则水压试验合格。监理人员要全程参与管道水压试验，严格把控试验规程，保障每一步操作都符合相关施工规范，实现有效地管道试压，提高管道施工质量。

（三）加大管道冲洗消毒力度和完善水质检测

在市政道路给水管道工程中，对给水管道的施工则要进行一定的管道冲洗消毒作业，以保障给水质量符合相关要求和规定。因此工程监理人员应当严格把控这一关键点，重点加强对管道冲洗消毒的监督检查力度。首先要引导施工人员根据施工现场的实际情况，对管道内的焊渣、杂物等杂质异物进行清理，然后以上游管道的市政供水作为冲洗水源，并与供水管理部门协商冲洗方案，合理规划冲洗水量、时间、排水路线以及安全防范措施等，其中对冲洗后的水则要通过排污井将其排到市政污水管网中。

为了保障冲洗效果，冲洗时应避开用水高峰，冲洗管道直径要不小于被冲洗管道直径的 1/2，对冲洗水的流速要尽量控制在 1.0 m/s 以上，并要连续冲洗，以强化管道冲洗力度。管道冲洗与消毒还应符合规定，管道第一次冲洗应用清洁水冲洗至出水口，水样浊度小于 3 NTU 为止，管道第二次冲洗应在第一次冲洗后，用有效氯离子含量不低于 20 mg/L 的清洁水浸泡 24 h 后，再用清洁水进行第二次冲洗，此时监理人员要督促相关施工人员往给水管道里投入漂白粉消毒，直至水质检测、管理部门取样化验合格为止。对给水管道的施工主要是为附近区域的居民提供生产和生活用水，为确保日常饮用水安全，则要在施工过程中完善水质检测，避免给水管道存在水质安全隐患。监理人员需要在给水管道冲洗消毒之后，进一步加大见证取样和监测力度，采用科学化、专业化手段，规范样本采集流程，确保给水管道供水水质符合我国日常饮用水标准，提高施工质量和实效性。

（四）加大新管与运行旧管道接通旁站力度

给水管道工程的监理控制要点还应注重加强新管与运行旧管道接通旁站力度，以质量为核心实时监督，对接通施工进行管理和检查。由于新管要与运行旧管接通形成管网体系，往往要涉及停水接通，所以要避开居民用水高峰期，接通施工时间一般都在晚上 10 点以后至第二天早上 6 点，接通施工时监理人员要全过程旁站并加大旁站力度，首先是接通施工前要对施工单位人机料法环准备情况进行仔细检查，确保接通质量和在规定的时间内完成接通工作。其次是监理人员要深入接通施工具体工艺和流程，协调配合施工作业，以设计质量为标准，及时发现接通的质量隐患，提出合理建议和技术指导，确保新管与运行旧管道的合理接通，提高给水系统的运行性能。

（五）加强给水管道施工其他方面质量管理

在市政道路中的给水管道施工监理工作中，还需注重管沟回填作业质量，其作为工程施工的最后关键环节，监理人员可以通过旁站制度控制施工工艺，避免回填过程中对管道接口造成破坏，同时监控管沟回填的均匀性，保持密度合理，确保回填压实度达到道路压实度标准，以免管道被压坏。在这一过程中，监理人员还需在回填前督促相关人员对基地进行清理，对回填土的选择应尽量避免使用淤泥或者腐殖土等，以提高回填质量。

另外，在监理工作中还要严格控制管道阀门的安装质量，根据工程的实际情况，在引入管段上安装阀门，并在环状管网的节点位置按照分隔要求等设置阀门，以实现其有效调节和导流、泄压等功能。

综上所述，在市政道路中给水管道的施工质量直接关系到整个工程的建设水平，而监理过程中质量控制作为加强施工过程质量把控的重要手段和途径，则要充分发挥积极作用。还要结合具体工程的实际情况，针对其在施工中存在的问题，通过科学合理的监理控制方法，进一步提高城市基础设施建设水平，打造良好的人居环境。

第三章　市政排水施工技术研究

第一节　市政排水工程施工工艺流程

一、市政排水工程施工流程

市政排水工程施工的具体流程为：施工准备→对施工区域内的市政管线进行勘查→开展现场测量放线工作→对施工现场存在的障碍物进行清理→土石方开挖作业→止水施工→钢板桩插打→基坑开挖→混凝土浇筑→一体化泵站安装→管道施工→基坑回填→路面修复。

二、工程施工技术要点

以某城市排水工程为例，阐述施工技术要点。

某城市在城市改造项目中，为能够进一步提升主城区的排水能力和雨污水分流能力，新建了一个市政公用排水项目，项目的主要作用是对城区某主干线范围内的污水进行收集，收集到的污水通过加压后，输送到附近河流的截污管道开端位置。工程的核心结构为雨污水处理项目，污水处理能力可以达到 1.0 × 104 m^3/d，辅助结构主要是排水管网，需要与现有的市政截污管道连接。为了能够尽可能降低工程施工对于周边环境和既有市政基础设施的影响，有效节约土地资源，在工程施工中，采用地埋式一体化预制泵站结构。

（一）测量放线

在进行沟槽开挖前，需要做好测量放样工作，对照测量数据来确保工作实施的效果。测量人员应该对照工程使用现场的具体情况，设置测量控制点的位置和数量。工程测量放样需要做到闭合性，尽可能减少测量误差。另外，在工程施工前必须制定出科学的排水方案，对排水管线的位置进行明确。

（二）土石方开挖作业

结合工程的实际情况分析，一体化预制泵站的最大埋深达到了 13.5 m，因此在基坑开挖环节，确定上部开挖深度为 5 m。从保障施工作业安全性的角度，在基坑下部结构开挖前，需要先使用钢板桩作为支护工作，然后采用直槽开挖的形式。开挖环节需要做好施工内部路段的预留工作（宽度 3.5 m），确保能够实现对于开挖土石方的及时清运。

（三）止水施工

现场勘查结果显示，在施工区域内，有着丰富的地下水，而且地下水埋深较浅，一体化预制泵站的埋深已经进入到地下水层，如果盲目施工必然会出现涌水等问题。对此，在经过技术人员的分析后，决定通过高压旋喷的方式来对施工区域进行防水处理，高压旋喷桩的直径为 0.6 m，间隔为 0.4 m，长度根据实际情况确定为 20 m。通过试桩的方式确定施工材料为普通硅酸盐水泥（C4 2.5）和 10% 膨润土，用量均为 30 kg/m。完成相应准备工作后，可开始止水施工。工程技术人员应先启动喷射装置，做好预压工作，待压力数值满足施工要求后，可提高旋喷管的高度，必须控制提升的速度。为保障桩底施工质量，当喷嘴达到设计深度后，应该保持原位旋转，至少 10 s，等到孔口可以正常冒浆之后，才能将旋喷管提升。当首根钻杆到达地面后，可以停止压浆作业，等待一段时间，确保压力下降到正常数值后，可以对钻杆进行拆除，提升到桩顶设计标高位置后，重新对旋喷桩进行施工。为避免出现浆液与土拌和后，因为浆液析出而引发的缩水问题，可以在旋喷桩顶部进行低压补喷，时间为 1—2 min。

（四）钢板桩插打

钢板桩的插打使用的是 U 形钢板桩，长度为 15 m，从工程需求的角度，在钢板桩顶部往下 1 m 和 3 m 的位置，设置钢围檩，直径为 500 mm。在确保所有的定位数据准确无误后，工程技术人员应该依照相应的定位坐标，对导向架进行安装，然后使用打桩机来完成钢板桩的插打工作。钢板桩插打完成后，可以实施基坑开挖，开挖至设计标高后进行确认，保障开挖效果和支护效果达到预期后，才能进行后续施工操作。

（五）基坑开挖

基坑的开挖工程量巨大，因此使用了专业的挖掘设备，对于开挖过程中产生的土方，使用 12 t 自卸车运输到指定区域。考虑到工程土方开挖量巨大，而且施工区域相对狭窄，在基坑开挖环节，需要注意几个关键点：

一是做好准备工作，需要施工人员对照工程施工图纸，确定好具体的开挖范围，借助全站仪、地理信息系统（GIS）、全球定位系统（GPS）等做好复核工作，确保所有的数据信息准确可靠。二是需要确定好基坑开挖的顺序，从边缘向中心位置进行逐步开挖，这个过程中，需要同时做好基坑支护，促进施工效率的提高。三是基坑开挖需要先做好测量放线复核工作，通过机械与人工相互配合的方式进行开挖，将开挖深度控制在设计要求范围内。

（六）混凝土浇筑

这里的混凝土浇筑主要是针对泵站底部混凝土而言，其中，垫层使用的是 C15 素混凝土，底板和抗浮层基础采用的是 C30 钢筋混凝土。为了最大限度地保障工程的施工质量，在实施混凝土浇筑施工的过程中，采用一次性浇筑施工的方法，而从提高使用效率的角度，配合分层浇筑和连续推移的方式进行施工作业。混凝土摊铺作业环节，摊铺层的厚度尽量控制在 35 cm 上下，配合插入式振捣器，实现浇筑与振捣施工的同时进行。另外，混凝土浇筑完成后，需要采用洒水养护的方式来保障混凝土的质量，养护时间不低于 7 d。

（七）一体化泵站安装

等到泵站底部混凝土凝结并且强度达标后（设计要求强度数值的 70% 以上），可以进行泵站的安装作业。在泵站吊装作业环节，使用的是 50 t 汽车起重机，在泵站适当位置设置吊耳，以保障吊装效果。为了保障施工安全，降低施工难度，吊装前应该先卸下筒体，将其放置在平整的地面，待混凝土强度达标后再进行筒体的下放。下放到基坑底部后，需要检查筒体的稳定性，使用 C30 混凝土，做好相应的灌浆处理，确保泵站和底板的连接的牢固性，这个环节会因混凝土浆液的浮力作用而导致泵站结构失稳，因此需要在灌浆的同时向泵站筒体内注水，注水深度控制在 1500 mm 左右，实现对浮力作用的抵消。施工完成并且验收合格后，应该从泵站外部对混凝土进行灌注施工，做好初步封堵。在完成混凝土的浇筑作业后，需要对其强度进行跟踪管理，回填作业必须确保混凝土的强度不低于设计值的 70%。在该工程中使用的是砂石混合料回填，砂石的粒径不能超过 25 mm，密实度在 96% 以上，一边回填一边进行压实，顶部应该留出 30 cm 左右的高度，使用 C30 混凝土浇筑，以此来实现回填层保护。

（八）管道施工

对于排水管道施工，需施工人员严格依照设计规范的要求，对排水管道进行检查，如发现管道材料质量不达标，则不能应用到工程中。市政排水管道安装前，施工人员需先确定好管道的中心线及高程，做好全面清理工作，确保管道吊装方向能够满足设计要求，以此来提高管道承插口的稳定性和可靠性。

（九）基坑回填

等到抗浮层的浇筑完成且强度达到设计要求的数值后，施工人员可以对基坑进行回填。结合工程的实际情况，先使用黄沙配合 25 mm 粒径的细石进行均匀回填，回填高度需要达到钢板桩支护高度，然后使用原状土回填到路面标高位置。原状土回填压实度不能低于 95%，在施工中为了能够确保压实度达标，以 50 cm 为间隔进行夯实作业，确认压实度达到预期要求后才能继续回填。考虑到施工场地相对狭窄，夯实作业采用的是人工夯实的方式。检查井的回填应该与基坑回填同时进行，从保障回填作业质量的角度，施工人员需要对回填料的含水量进行严格控制，如果回填料含水量过大，会对排水管道的安全性产生影响，引发较大的沉降问题。市政排水工程中的管道属于无压管道，在施工后需要进行闭水试验来确认其严密性，实验前需要对管道的外观质量进行检查，确保管道内不存在不积水，也需要做好预留孔的封堵以及管道两侧的密封处理。

（十）路面修复

在完成上述施工后，须对路面进行修复，为满足路面对于力学强度以及耐久性的要求，在路面修复环节使用 C55 高强混凝土。

确定好混凝土参数后，施工人员需要对照该参数来对混凝土进行检验，确保其能够符合预期要求，然后再对混凝土进行灌注和养护，混凝土养护时间根据实际情况确定，等到其强度达到设计值的 75% 以上时，可以对道路沥青面层进行施工。沥青面层的施工需要借助专业的摊铺机完成，摊铺机需要停放在非施工区域进行启动，等到其速度达到 3 m/min 后，控制摊铺机行进到预定区域，开始沥青摊铺作业，摊铺完成后，可以借助压路机，对已经摊铺完成的区域进行碾压，碾压分为初压、复压和终压三个环节，初压环节的碾压温度为 140℃，复压环节的碾压温度为 100℃，终压环节的碾压温度为 90℃。另外，施工技术人员需要做好碾压流程的控制，依照从边缘到中间的顺序进行碾压，保障碾压的效果。

三、市政道路排水设计

（一）市政道路排水设计的功能

道路是城市中的重要基础设施，如果城市道路施工质量比较差，会影响车辆的正常行驶，降低人们的出行质量，因此，科学设计城市道路排水系统至关重要。为了保证城市道路排水系统能够更加可靠地运行，城市道路排水系统设计人员要根据车辆的通行情况，不断完善原有的设计方案，有效排除城市道路排水系统中的安全隐患，并适当加大城市道路排水系统管理力度，减小外界降雨对城市道路排水系统的影响，提升城市道路排水系统的整体运行效率，减少道路交通安全事故的发生。除此之外，如果城市道路排水效果较差，路面积水不断增加，城市道路长时间处于积水状态，会降低道路路基结构的稳定性，缩短路基的使用寿命，当外界车辆荷载较大时，城市道路路基很容易出现结构失稳现象，引发严重的道路交通事故，影响城市居民的正常出行。为了保证城市道路排水系统能够更加安全地运行，城市道路排水设计人员要结合车辆的运行情况，科学制定城市道路排水设计方案，并认真落实，进一步提升城市居民的出行质量。

（二）市政道路排水设计的策略

1. 系统设计

城市雨水、污水设施构成了庞大排水系统，城市道路排水设计时应从整个系统出发，统筹考虑。道路排水设计不仅要解决设计段道路及其两侧地块的雨水、污水排放，同时也必须全面考虑设计段雨水、污水所属排水系统上游汇水面积内的雨水、污水排放。近年来极端降雨事件频繁发生，和雨水设施建设未与城市防洪、河道水系、道路交通等其他规划相衔接有关。排水设计时应综合分析雨水、污水系统内和排水相关的总体规划、各专项规划及其实施情况，对道路排水设计有制约和影响的规划主要有城市总体规划和其他专项规划，如排水规划、防洪规划、河道水系规划、竖向规划等。

道路排水包括道路雨水和污水，应依照相关规划、设计规范结合实际建设情况进行设计。依据城市总体规划确定雨、污水服务范围内不同地块的城市建设性质；依据排水规划确定设计路段雨水、污水所属的系统，不同建设性质地块采用的标准和参数，管网系统的控制点标高等；依据防洪规划确定雨水受纳水体的防洪标准及水文资料；依据河道水系规划确定水系沟通方式、标准和参数；依据城市竖向规划推算设计道路排水管道的标高。在城市雨水管网设计时，通常使用推理公式法或数学模型法来计算管网径流量。

2. 雨水、污水设计

（1）总体设计。道路排水设计时先根据城市或者区域排水规划，结合区域排水设施建设情况，确定汇水范围，依据规划根据排水规划结合总的雨水和污水管网系统图。分别确定设计道路范围内雨污水出口，同时确定每个出口的汇水范围及雨水、污水管网图。道路雨污水设计，主要是进行雨水、污水的平面和纵断面设计。道路红线宽度超过 40 m 的城市干道宜两侧布置排水管道。平面设计时首先按照设计道路红线宽度结合道路排水的实际情况确定道路下雨水、污水管是单侧布置或两侧布置。设计时需要注意沿道路敷设雨污水管及其外接管与其他类型管道的平面和竖向相互避让，按照管线避让原则，压力管、易弯曲的管道要避让排水管。

（2）雨水设计。设计标准、参数确定。根据城市或者区域排（雨）水规划，确定设计段所属雨水系统为泵排区还是重力自排区，分别对应规划中泵排区和重力自排区的标准（往往泵排区标准高于自排区）确定雨水设计重现期 P、地面积水时间 t1 等参数；根据城市总体规划结合实际建设情况，分析汇水范围的下垫面，确定径流系数 ψ；以上范围、参数、标准等确定后，按照城市暴雨强度公式计算出道路不同管段的设计雨水量；结合道路竖向初定各段雨水管涵断面尺寸和坡度，初步进行道路雨水设计。

道路最低点标高推算。雨水设计的另外一个任务是为道路竖向设计提出要求，通过水力计算确定道路最低点标高限值，道路设计标高不应低于该值，以避免在降雨不超标时，道路出现积水现象。道路最低点标高，根据雨水泵站（泵排区）或受纳水体（自排区）的水位进行推算。设计管段位于泵排区时根据雨水规划（泵站未建时）或已建雨水泵站运行资料查阅雨水泵站的最高运行水位，位于重力自排区时根据防洪规划查阅受纳水体的设计洪水位，以上水位确定后，根据设计段至雨水泵站或受纳水体之间的管涵规划、建设情况（管道路由、控制点标高、断面尺寸、坡度等），按雨水泵站最高水位或受纳水体设计洪水位反推设计段道路竖向最低设计标高。

平面设计。道路雨水设计流量由以下三部分构成：上游系统来水（雨水系统为起始管道时不含该部分）、道路两侧地块的雨水、路面雨水。采用单侧布置雨水管时，设计前先确定同一出口范围内道路外接雨水管的位置、断面尺寸、底标高、流量等资料，外接雨水管主要指需要转输的相交道路雨水管、道路两侧汇水范围的雨水收集管（如道路两侧地块未开发建设，在平面设计时每 80 m ～ 120 m 预留一处雨水收集管）；根据道路竖向确定同一出口范围内道路最高、最低点（如果道路竖向起伏，则有一个以上的局部最高点或最低点）位置。设计时首先在道路最高点、道路最低点、外接雨水管处布置检查井，之后根据路面雨水收水要求加密检查井。道路最高点的雨水管为起头管时，取消该检查井及与其相邻检查井之间的雨水管；道路最高点的雨水管不为起头管时，可取消该最高点处的检查井，复核其相邻两检查井的间距是否满足规范要求，如不满足检查井最大间距规范要求，需对道路最高点附近的检查井位置进行局部调整。

纵断面设计。纵断面设计时管道埋设高程控制至关重要，设计雨水管道应能承接上游规划或建设的雨水管来水、能接入下游规划或建设的雨水设施或排入受纳水体，同时设计雨水管道应接纳道路两侧地块雨水，在满足以上要求前提下尽量减小管道埋深，以降低工程投资，便于后期运行维护。设计时首先根据雨水规划中的系统控制点标高和上、下游已建雨水管资料，确定道路设计雨水管道起点、终点的管底设计标高范围值，往往根据以上资料确定设计范围起点管的最高设计管底标高和设计终点的最低设计管底标高，之后结合地块雨水收集管的资料进行雨水管纵断面设计。平面和纵断面在设计时应统筹设计，根据其相互制约关系进行相应调整，合理确定管径、埋深、管道坡度。

（3）污水设计。设计标准确定。依据城市总体规划及建设情况，确定设计管段及上游服务范围内工业用地、生活用地、商业用地等产生污水的各种性质城市建设用地面积；根据污水规划查阅不同性质城市建设用地的污水量指标；各类性质城市建设用地的面积及对应的污水量指标确定后，进行设计污水量计算，然后进行道路污水设计。

平、纵面设计。道路污水管的收水由两部分组成：转输上游系统的污水，收集道路两侧地块产生的污水。污水平、纵面设计和雨水管设计过程大致相同，主要区别在于污水管设计时不需考虑雨水口的布设，检查井的布置主要受外接污水管、规范要求检查井最大间距和当地的管道养护条件确定。由于雨水出口宜分散就近排入受纳水体，而污水要统一排入污水处理厂处理，所以污水系统中主管道往往较长，同时地块内污水管道埋深往往比雨水管道深，所以在纵断面设计时往往污水管道的埋设较雨水管道深。污水预留管布置时也尽量靠近雨水预留管，以便于后期地块的接入。

四、污水管顶管施工技术

顶管施工技术为非开挖技术，且被广泛应用于市政道路中。其优势为安全性能好、施工速度快、封密性能好、施工作业不会对周遭环境造成太大影响、施工作业占地面积小等，不足则为施工周期长、造价高等。随着科技的发展，顶管施工技术逐渐成熟，且相关工艺及方法层出不穷。顶管施工简单来说就是选择垂直于地面开挖工作井，以高液压千斤顶的方式将钢制管道、水泥顶入地下，从而完成施工。排水管顶管施工依托于管道间中继站、自主顶油缸等方面的推力，可将顶管施工顶进设备并从工作井穿过地质层。之后，相关工作人员可基于设备的顶进对管道进行埋设。顶管施工平衡理论可简单分为三种，即气压平衡、泥水平衡、土压平衡。在应用顶管技术前，相关工作人员需花费一些时间解决适应性问题。即在顶管施工前需对区域地质情况、施工情况、设计要求进行分析，并根据分析结果进行施工工艺、顶管机、配套辅助设备的选择，从而为排水顶管施工的顺利进行提供保障。在顶管施工中，工具管发挥的作用具有不可替代性，所以，要在使用工具管时重视其材质、质量。通常情况下，运用于市政道路排水管顶管施工中的工具管多为钢筋混凝土管，因为其既可为顶管施工工作的顺利进行提供保障，也可承受来自各方面的压力，更具备较强的耐腐蚀能力。

（一）市政道路排水工程中的污水管顶管施工技术

1. 泥水式推进施工技术

泥水式推进施工技术为污水管顶管施工技术的主要技术。其简单来说就是相关工作人员以工艺要求为依据，通过刀盘掘进机的有效应用进行工作坑开挖，从而完成顶管施工。其具有效率较高、操作简单的优点。为确保工程质量与相关标准相符，相关工作人员需予以正视土压力，确保其维持平衡状态。同时，想要降低施工难度、提高施工质量，在进行顶管施工时，相关工作人员就需将多种技术利用起来，对地下水的压力进行有效控制。

2. 土压式推进施工技术

以施工工艺要求为依据，相关工作人员需提前进行切料仓的建立，并在料仓中注入混合料，直至仓满。此时，施工区的前土压力、地下水压力可处于平衡状态。该技术具有设备使用少、技术要求低的优势。不过，该施工技术的应用过程中需频繁更换泥浆泵，所以极易增加造价，导致项目经济效益受到影响。

3. 泥浓式推进施工技术

泥浓式推进施工技术简单来说就是在施工过程中应用二次注浆技术，通过有效处理底层降低摩阻。在进行施工时，相关工作人员需在灌浆前对碎石进行有效清除，以确保顶管施工可顺利进行。

（二）市政道路排水工程中的污水管顶管施工的准备工作

1. 技术准备

在进行污水管顶管施工前，设计人员应与其他工作人员进行技术交底，使其他工作人员了解设计意图、明确施工重难点及主要技术指标。首先，需对设计图纸进行审查，为顶管施工的顺利进行提供保障。其次，需做好各项安全措施，并对施工流程进行规划，使施工工作有效开展。再次，需进行测量、放线，以为后续施工提供保障。最后，需将责任落实到个人，通过加强技术指导、技术协调工作为顶管施工提供保障。

2. 生产准备

污水管顶管施工一般在地下进行，所以，需做好生产准备。即相关工作人员需对地下管线分布情况进行了解，并对施工中可能会遇到的障碍物进行详细记录，且及时将其上报监理和建设单位并进行有效清除。但在施工时需加宽过路涵管、沟塘，应提前开展施工工作。同时，需在施工前对机械设备进行检查，确保其符合相关要求，且可正常运转。另外，需将施工材料按照一定顺序带入施工场地。

3. 施工前复核

施工前，相关工作人员需根据施工现场的情况核对施工图纸，了解其是否有变化。在核对时，主要关注的内容包括给出的桩号及其相关资料、水准。在确认无误后，再进行施工。

4. 施工前的情况排查

为避免施工过程中受到外界干扰，相关工作人员在开展施工前，需以图纸要求为依据对排水管道方向、开挖工作场地进行清理、测量。针对影响交通、管线互相交叉的问题，需提前与相关单位进行协调、协商。

（三）市政道路排水工程中的污水管顶管施工技术应用方法

1. 工作坑施工

工作坑开挖。首先，开挖初期，相关工作人员需将产生的渣土运输至相应位置并进行集中堆放，以免其影响施工。其次，工程盾构接收井中，需采用支护 + 锚杆结构，并采用垂直方式开挖。再次，开挖成型后，需对深度等参数进行测量。一般情况下，污水管顶坑、挡土墙、集水坑成型后的深度为 7.5 m、5.5 m、6.5 m。再其次，在进行开挖时，需同步实施勘探开挖，以为相关工作人员的人身安全提供保障。最后，需结合实际情况在顶坑附近设置集水坑，借助其处理顶坑中的污水，使坑内为无水状态。

基坑支护。工作坑深度为 7.5 m，所以需开展支护工作，保障基坑施工的安全性。一般情况下，基坑支护需采用如下方法：（1）钢筋锚固。选择与坑底相距 0.5m 处设置钢筋，一般为 1.5 × 1.0 m。若宽度太乱或太窄，可适当调整钢筋长度。（2）连接杆施工。连接杆数量一般为 3 排。在完成连接杆施工后，需及时与地脚螺栓焊接。（3）钢网施工。相关工作人员需在钢网施工过程中在基坑底部浇筑混凝土，通常需浇筑 20 cm。（4）钢筋网绑扎施工。相关工作人员按照一定标准、规范绑扎对钢筋，且在绑扎时，需确保其牢固性。

2. 管道施工

顶管施工。顶管施工的方法如下：

封堵接口。为避免施工过程中出现渗漏现象，相关工作人员需采用合适手段进行接口封堵，然后利用水泥砂浆勾缝、纯水泥浆抹平内压等。

顶进。对当地土质进行分析，以此选择顶进方式。如果当地土质为干土，可在施工过程中采用人工开挖这一方式。工程顶部通常需控制在 60 cm 内。

参数控制。结合实际情况对顶升、高程、轴线进行控制，避免其出现偏差。当发现错误时，需立即进行调整、纠正。

坡度控制：以管道设计坡度为依据控制导轨和推进装置的坡度。一般情况下，坡度误差可控制在 10 mm 左右。

管道外壁注浆。注浆前，相关工作人员需利用直径为 50 mm 的钢管制作注浆管，其长度应为 1.95 m/ 段，间距需控制在 30 cm。制作完注浆管后，相关工作人员需对混凝土管内径进行测量，并以测量结果为依据，布置注浆管。混凝土管与之间以钢板焊接，以免出现管道渗漏问题。注浆时，最大及最小压力分别为 2.0 MPa、0 MPa。同时，需采用多次注浆法，确保水泥浆完全覆盖混凝土外壁。

3. 验收试验

首先，管道两端应为密封状态，预留进水孔、排水孔、排气孔，而灌浆孔、管接头孔需以设计要求为依据进行密封。之后，在水中浸泡 24 h，观察管道外壁有无漏水现象。其次，根据管道设计水头高度对上游水头进行计算，当实验水头与规定水头计算时间相符时，详细观察管道渗水情况。同时，需通过不断补水确保水头处于恒定状态。再次，渗水观测时间应大于半小时，然后利用计算公式进行计算。若验收结果表明管道无渗漏现象，即为施工质量合格。最后，投入使用一年后，需派遣专人重复上次操作，若仍旧未出现渗漏，说明施工质量与相关标准相符。

（四）提高市政道路排水污水管顶管施工质量的措施

强化项目监督管理、提高施工人员的素质、建立质量保证体系、控制施工环境等方法可有效提高施工质量，由于其涉及不同内容、要点，下面进行详细阐述。

强化项目监督管理。通过强化项目监督管理，可及时发现施工过程中存在的问题。在施工前，需对施工环境进行详细观察，并结合工作经验判断项目是否可正常进行。在了解其可行性后，详细分析施工内容、计划，并通过技术交底，使工作人员充分了解施工设计、掌握施工图纸、明确施工重点，从而确保施工工作可顺利开展，且各项环节与相关要求相符，从而提高整体施工质量。此外，在进行监督工作时，需确保相关工作人员可对突发事件进行有效预测、合理应对。

提高施工人员的素质。想要提高市政道路排水污水管顶管施工质量，就需要采用科学可行的手段提升施工人员的素质。在此方面，可从以下几点入手：开展培训活动。通过聘请相关专家及学者或有着丰富工作经验的人员负责培训工作，从意识、专业知识、专业技能等方面入手进行培训，使施工人员可在潜移默化中提高自身的素质，并按照相关规范开展工作。利用互联网提高施工人员的素质。21 世纪为信息化时代，所以，在进行素质提升时，可将互联网利用起来，通过定期发布有关于市政道路排水工程施工的内容、鼓励施工人员通过电脑、手机进行学习。

建立质量保证体系。质量保证体系的建立是提高市政道路排水污水管顶管施工质量的有效措施。相关部门需以设备人员、原料、施工工艺、施工过程、项目特点、国家相关标准为依据制定科学完善的质量管理体系、相关标准，并将其落到实处，以确保工程施工质量与相关要求相符。

控制施工环境。市政道路排水工程中有很多环境因素会对工程质量造成影响。为确保施工质量，需以工作项目的特点、现场条件为依据，采用科学合理的手段控制相关因素，以避免施工环境因素对施工质量造成不良影响。

五、排水管网工程基坑开挖支护施工技术

一般来说，排水管道的施工方法主要是挖掘和埋设管道。开挖深度越来越深，地质异常也越来越多，不利于施工。在管道设计中，浅埋管道采用开挖和埋地管道更为经济。然而，由于地下水含量丰富，有大量中、强透水层，这是施工中难以克服的问题。虽然在管道埋深不超过 5 m 的情况下挖沟渠并不容易，但当可以使用整体支护结构和地下水排水来降低水位并稳定安全结构时，这是一种相对经济的施工方法。在管道靠近建筑物的情况下，为了确保管道附近建筑物在施工期间的安全，应对这些管段的基坑边坡采取临时支撑措施。目前，临时支护的方法有很多，如地锚钉、槽钢、钢板支撑、钢板桩、搅拌桩、钻孔桩等。

（一）基坑施工技术要点

1. 开挖过程中的技术要求

基坑开挖前，首先要遵循“先上后下、先铺后挖、主次分明、控制工期”的原则。此外，在开挖过程中，必须严格遵守相关施工规范和技术要求，以确保基础开挖施工活动的顺利开展。此外，在相关挖掘工作完成后，还应测试挖掘路段的技术功能，并不断加强保护，避免在使用过程中受到自然灾害的影响。

2. 基坑排水

开挖基坑时，应首先进行基坑排水工作，以确保建筑物的安全。在设计合适的基坑开挖方案时，还需要结合不同的试验结果和分析结果，以合理确定整个基坑的开挖深度，并提高储水罐的抽水频率。此外，在进行基坑排水时，还应实时记录水箱内的水位，以有效提高周围建筑物的稳定性。为确保基坑排水工程的有效实施，在排水施工前，还应将施工现场的露天水进行干燥，并及时测试土壤底层的含水量，以避免施工现场露天水对项目施工的影响。

3. 沟槽填充

敷设管道后，应立即填充沟槽。首先，应填充坑，然后水平分层压实，如有必要，应采取临时边界措施防止浮起。在距管道顶部 0.5 m 范围内，不得使用机械碾压。一般情况下，排水管应填充中厚砂至管道中心。当用浅

层地下水位填充该区域时，应设置排水沟和集水井以降低水位，并将干土回填。沟渠中不应填满厚厚的泥浆，如果沟渠中有沉积物，必须清除沉积物，然后更换干燥的土壤。

4. 其他地下管线的保护

城市污水管网设计是一项地下隐蔽工程，不可避免地会包括其他地下市政管道。排水管网设计中敷设的大部分管道位于城市道路下方和社区内。总的来说，社区内有许多类型和大量的地下管道。开槽结构不可避免地会影响周围的地下管道、电线杆和建筑物。因此，在污水管网施工期间，必须适当的保护地下管道和周围结构，确保施工过程不影响地下管道，提高项目施工效率。此外，在基坑正式开挖前，应合理检查当地地形地貌，并及时与相关部门沟通，以获取施工现场和地下管线周边布局的数据，为管网保护的发展提供一定的理论依据。

（二）开挖及基坑支护施工技术

1. 边坡开挖施工技术

在露天场地开挖时，应采用边坡开挖方法，开挖时应根据实际情况采取防水排水措施，尽量减少水土流失，保持边坡稳定。沟渠坡度的斜率是在综合考虑场地土壤特性和沟渠深度的基础上确定的，即 1 : 0.5 ～ 1 : 1。当现场遇到土壤条件较差的路段时，为充分保证边坡稳定性，可相应增加沟槽上部开口的宽度，沟槽表面具有合适的坡度。从应用角度来看，边坡开挖法可用于埋深小于 2 m、两侧边坡空间充足的情况，也可用于岩层地质基础开挖施工。如果由于某些特殊原因，沟渠的深度超过 1.5 m，这种情况下的开挖坡度将占据很大的位置，并且现场的建筑物密集分散，因此当沟渠的深度大于 1.5 m 时，这是不可能的。在浅沟槽中，边坡开挖具有明显的经济效益，但也存在局限性，即土方填筑的工作量较大，因此通常在施工阶段使用，且周围没有大量建筑物。

2. 板式支护开挖施工技术

当开挖深度较大时，如果仍采用边坡开挖法，则存在工程量大、成本高的局限性，此时采用板式支护开挖法更为合适。当开挖深度 <2 m 的基坑时，开挖支护板的方法是可行的。施工中单节开挖量不能超过 6 m，施工应有序进行。该段管道施工完成后，如果质量没有问题，下一个管道施工环节将按照该顺序进行。挖掘板支架时，应从上到下进行挖掘。应及时采取支撑措施，确保模板维护和支撑的紧密性。如果模板难以与后部土壤紧密

接触，则应使用沙子填充。基坑开挖时，应及时修建排水沟，提高排水性能，减少水体对基坑施工的影响。此外，为了确保结构的整体稳定性，必须在基坑末端设置角度设置。

3. 槽钢支护开挖施工工艺

在沟槽深度 2 m ≤ H<3 m 的基坑设计中，可采用钢沟槽支护的开挖方法。根据实际施工情况，单节长度一般为 50 m。建议采用单独的驱动方法。每个驱动元件完成后，应与第一个元件牢固焊接。这样，就可以逐步形成一个完整的槽钢结构体系。槽钢在驱动过程中由仪器控制，应根据测量结果及时纠正偏差。如果有明显的斜坡，用钢丝绳拉动桩身，边打边拉，并分少量多次逐步改善。将风管钢安装到位后，用安全链将护套连接到风管钢顶部，以防止其脱落。随着基坑开挖和填筑的继续进行，在达到横向支架和平面后，应从下至上依次拆除横向支架和水平面。在此期间，应加强保护，以避免元件异常坠落。删除的项目应分类并放置在不影响正常移动的区域。当泥浆或其他软土层分布在基底下方时，应首先撕裂和碾压基础，然后在开挖后支撑管道底部。基坑填筑时，支架不能拆除，填筑到一定高度后，如果现场确认没有安全问题，可以将槽钢拉出。通道的钢支撑具有低刚度，并且容易受到沟槽扰动引起的大变形的影响。其抗弯能力不足，可能不稳定，因此在施工后将支架设置在顶部。如果施工现场地地下水位较高，应采取隔热和排水措施。

4. 拉森钢板桩支护及开挖技术

在沟槽深度 >3 m 的基坑设计中，可采用拉森钢板桩支撑的开挖方法。单节长度为 50 m，可根据实际情况灵活调整。开挖时，应及时设置内支撑，在放置顶部支撑后开挖底部。如果挖掘深度存在强透水层，如中厚砂，将大幅增加排水难度，此时也可采用拉森钢板桩支护法。此外，如果基坑较深，地下水位较高，则需要在此时设置钢板桩，钢板桩可作为支撑结构，具有保土、防水和防止沙流的效果。钢板桩施工过程中，可能存在一定摩擦阻力，因此建议刷润滑油，以起到润滑作用。第一层檩条安装高度距地面 50 cm 左右，设置到位的檩条支撑必须稳定。施工过程中，应尽量采用静压法，以减少钢板桩沉积时的噪声污染。钢板桩在拔出桩的过程中很容易拔出大量土壤，拔出桩后将形成桩孔，因此必须通过填砂或水悬浮液回填。钢板桩支架开挖后，可能会出现异常情况，如倾斜桩顶和抬高坑底土壤，这可能是由于存在软土和钢板桩埋深不足。因此，有必要提前开展研究，解释施工深度内的岩石和土壤特征，有效控制钢板桩的嵌入深度，并根据具体的深度要求进行打桩。一般来说，在建造拉森钢板桩时，可以使用加厚剂。此外，如果钢板桩支架拐角处的锁柄连接不紧密，则容易产生移动砂，此时还需要加厚接缝。

（三）特殊部位开挖支护施工技术

1. 检查井、拦截井、交叉井施工

对于特殊井，如施工期间的检查井、拦截井和交叉井，井场的沟槽宽度将较大（与沟槽的宽度相比），这增加了沟槽和支撑作业的难度。在挖掘的不同部分之间创建连接关系。在穿越不同路段时，采用 90° 突变法更为合适。也可根据实际施工条件选择 45° 坡度法。在通道上打桩时，必须提高第一和第二桩钢板的打桩精度。打桩位置和方向必须准确，以作为后续钢板桩打桩的参考。行驶后测量一次至 1 m。如果纸张堆叠倾斜，请及时纠正偏差。预制井的提升作业应在控制井或控制井现场浇筑的结构中进行。如果采用相对支撑的传统方法，结构的工作区域将很容易受到影响，例如，建筑空间有限，这将导致难以进行适当的工作。因此，有必要优化施工工艺。现场打桩钢垛或槽钢后，可将电缆设置在顶部，然后锚固在周围的地面或建筑物中，这样可以更有效地提高支撑效果，确保整体稳定性。在修建集水井或交叉井时，必须考虑污水管道和雨水的流量与流速。采取控制效果更好的措施，如逆转和关闭，关闭其前后的施工段。例如，可以在两个地方使用堵塞气囊和临时堵塞墙壁的方法，并使用适当规格的水泵。该设备可用于从检查井快速提取拦截的污水，然后使用临时管道提取污水。采用这种方法后，如果井内的水满足要求，可以正式打入槽钢桩或钢板，以起到对此类设备的支撑作用。

2. 硬岩层地质条件下的施工

当遇到坚硬的岩层时，例如施工过程中的多层风层和强风岩石时，打入钢桩和钢板的方法是不可行的。在这方面，可用长螺旋钻钻孔和注砂。施工前，首先对场地进行检查，并倾斜和开挖可开挖的表层土壤，这有利于保持基坑上部结构的稳定性，创造更安全的施工环境。岩层有其自身的稳定性，根据这一特点，可以采用先挖掘后支撑的工作方法。操作设备可以是空气拾取器或凿岩机，由专家操作。在操作过程中，应观察岩层的变化，以便灵活调整操作参数。开挖后，应对槽钢进行定位，使其形成支撑结构。

（四）基坑施工注意事项

基坑支护技术的使用决定了整个基坑施工的质量。因此，在施工过程中，应更加关注基坑支护的结构点，不断规范其结构行为，以提高基坑施工的性能。例如，以钢板桩支撑为例，当钢板桩泵送时，应仔细观察整个泵送状态对钢板桩变形的影响，以避免对其产生不利影响。在基坑支护过程中，还需要确保钢板桩在泵送过程中能够承受均匀的应力，并且在打桩前应对钢板桩进行彻底检查，以避免钢板桩变形和腐蚀，从而提高周围建筑物的稳定性。此外，当发现钢板桩变形时，应及时更换该部位的钢板桩，并按照相关要求重新设计钢板桩，以促进钢板桩的打入和拔出。因此，在施工前，应不断加强钢板桩的检查，这对提高整个项目的施工性能起着关键作用。

此外，在打钢板桩的过程中，还应实时有效监测钢板桩的坡度，确保每根钢板桩的倾斜度都能在合理范围内。如果钢板桩的坡度较大，应及时调整其坡度。在拔出钢板桩时，需要仔细检查钢板桩地拔出方法、顺序和时间，钢板桩的孔也需要立即旋转，以避免振动因素的影响，从而危及整个建筑基础的稳定性。因此，当拉出钢板桩时，还需要用合适的材料填充，以确保不影响建筑基础的稳定性。此外应对基坑结构进行良好监测和测试，将安全监测工作委托给合格的专业监测机构，采取有效的安全监测措施对基坑施工过程监测：一要综合监测周围建筑物、构筑物进行基础预埋、变形、裂缝等。二要监测相邻地下管道。应满足各管道单元要求的限值，如果监测发现已超过规定限值，应立即停止施工，通知相关机构并进行适当的清洁措施。三要监测周围道路的沉降。如果发现土壤有裂缝或沉降，必须立即停止施工，并通知相关单位的人员进行测试和处理。四要测量地下水位的变化。

第二节　市政排水管道施工中导向钻进施工技术应用

一、导向钻进施工技术原理及应用优势

导向钻进施工技术是根据各级地形地质条件和设计要求考虑避让障碍物，通过计算导向钻进轨迹、以斜面钻头控制钻孔方向和钻进轨迹的管道

施工技术。在钻头、钻杆连接后，由司钻人员操作钻头自如切口造斜钻入，到达预定深度后开始水平钻进，当完成水平钻进长度后，在出口段造斜钻进至钻出标定的地表靶点；导向孔完成后，在出口端位置拆卸钻头及探头盒，安装扩孔钻头、分动器、拉管头等，开始反拉扩孔、铺管。当反向扩孔钻头完全到达钻机后，拆卸分动器、拉管头和反向扩大钻头，取出余下钻杆，完成管道敷设。在导向钻进中，需要对斜面钻头进行控制，确保管道按既定的设计轨迹钻进。如同时钻进和回转钻杆，则可能导致斜面失去方向性，实现排水管道钻进；如只钻进而不回转钻杆，则可能因斜面反作用力而导致钻头方向改变，进而实现造斜钻进。按设计轨迹完成导向钻进后，通过由小到大逐级更换扩径钻头回拖扩大孔径，扩径至最后一级后，将目标管道回拉就位即可完成排水管道的敷设工作。在钻进、扩孔施工中，需要考虑泥浆护壁、保护孔壁、堵漏、冷却钻头、导向水射流等因素，并借助导航仪向地下发射和接收无线信号实现钻进轨迹的精确定位。

二、导向钻进施工技术要点

在导向钻进施工中，受施工技术原理的影响，施工单位应重点加强导向管材的选择、导向轨迹设计与控制、回拉管材阻力计算、泥浆制备与注浆技术管理，以及质量控制。

（一）导向管材选择与连接

在市政排水管道施工中，综合考虑其应用环境，一般选用钢筋混凝土管、镀锌铁管、铝塑复合管、PVC 管、PP 管、HDPE 双壁波纹管、HDPE 平壁管等。在导向钻进技术应用中，由于技术特性，要求所选用的管材必须具备一定的刚度，同时还应当具备一定的柔韧性，且在管材回拉敷设管道时其摩擦力不宜过大。结合这一要求，所选用的管材性能指标应满足密度 0.94 ～ 0.96 g/cm^3、短期弹性模量大于 800 MPa、抗拉强度标准值大于 20.7 MPa、抗拉强度设计值大于 16 MPa、抗环向变形能力大于 8 kN/m^2 技术要求。根据管材性能指标要求，HDPE 双壁波纹管和 HDPE 平壁管初步满足导向钻进技术要求。综合分析 HDPE 波纹管及平壁管应用环境及性能指标，其中 HDPE 平壁管具有强度高，抗拉、抗压和柔韧性能良好，耐腐蚀，易加工等特点，能够满足导向钻进施工技术要求。

在 HDPE 管道连接时，应使用专业切割工具进行管材切割，确保管材断面光滑、平整，且断面应垂直于管材轴线，以确保管材熔接后平直。管材热熔时，应均匀加热，热熔前后应清除管材表面污物，保障管材加热面与管材断面有效接触。接头应沿管材圆周平滑对称位置翻边，翻边最低处应不低于管材外表面。对接错边量应小于管材壁厚的 10%，最大不得超过 3 mm。热熔焊缝力学性能应与管材性能一致，对接熔接后应形成凸缘，以焊缝均匀、无气孔、鼓泡和裂缝为标准。

（二）导向钻进轨迹设计

导向钻进轨迹设计是钻进施工的前提，也是导向钻进施工的依据和标准。导向钻进施工的工作原理是借助射流辅助切削钻头进行钻进施工，钻头带有一定的斜面。因此，在钻杆回转过程中会钻出一个直孔，但当钻头朝某方向推进且不回转时，则可能发生钻孔方向偏斜现象。因此，在导向轨迹设计时，应当关注钻杆入土角、出土角和转向角。

在导向钻进施工中，管道敷设线路由直线和造斜段组成，而对导向钻进施工质量影响最大的部分为造斜段，只有结合钻头力学特性，合理控制造斜段走向和基本轨迹，才能设计精确的导向钻进轨迹。

根据工程技术规范，相邻两节钻杆的允许转向角设计需要综合考虑地质、钻杆长度和材料等因素确定，当地质越软弱时，钻杆运行转向角应当越小，取值应控制在 1.5~3° 范围内。当角过大时，可能出现回转扭矩增大、钻杆折断和钻进偏斜的问题。当入土角过小时，可能出现钻杆过渡到水平面的现象，无法钻进到土层中；如过大则可能出现钻进深度难以控制。钻杆出土角按钻杆和回拉管材允许曲率半径较大值一般小于 20° ，且一般略大于入土角，以便于导向钻进回拉施工。

（三）导向轨迹控制

在市政排水管道施工中，由于管道埋深较小，可采用手持导向轨迹跟踪仪对钻进轨迹进行监测和控制。手持导向轨迹跟踪仪由解码器、微处理器、显示器等构件组成，可对探头位置和深度进行定位，并显示孔内信息，以便于及时调整导向参数。在具体施工中，应加强对管道钻进轨迹的测量和分析，适当增加测点，由司钻人员通过同步显示器操作动力头，调整钻头倾角、深度，确定回转钻进或造斜顶进，从而使回转角度指示在 12 点位置。如偏离设计轨迹，则应根据监视器显示情况进行相应调整。同时，借助专业软件对导向轨迹进行模拟，并与实际测量数据进行对比分析，以此指导导向钻进施工，从而提高导向钻进施工的准确性。

（四）回拉管材阻力计算

在每一级扩孔施工完成之后，需要在钻头处加装扩孔钻头、分动器以及接管头，开始进行排水管道的回拉。在扩孔钻头钻进的过程中，需要不断增加钻杆的长度，并向管道中加入适量的泥浆，以保证管壁与钻头之间的润滑程度，充分抑制管壁的松散，同时填满二者之间的空隙，发挥膨胀土的作用，使井壁与原土完美融合。使用前夹持器夹紧下钻杆，动力头进行反转卸扣，使用后夹持器夹紧动力头的接头，而在回拉提出一根钻杆时，需要将上下两个钻杆扣松开，并重复上述操作，保证各级扩孔施工完成后都可以回拉管材。为确保管材顺利回拉，施工单位应精确计算管材回拉阻力。

由于管材各向回拉阻力并不相同，因管材回拉形成的土体在交通车辆的振动情况下，随着时间的推移而逐渐密实，导致回拉阻力不断增加。因此，在回拉施工中，施工单位应避免中断，以免管材回拉阻力增加而影响施工效率。

（五）泥浆制备与注浆

泥浆制备质量直接影响排水管道钻进质量。施工单位应该根据施工区域的地质情况制定泥浆制备的标准，利用调整泥浆配比的浓度来控制钻孔的压力，并以此来完成定向钻进工作。在钻孔的过程中，施工人员需要根据不同的地质条件以及钻进的长度为泥浆制备提供多种不同的聚合物，使泥浆能够有效地抑制井壁的松动，从而形成规则的孔壁，保证钻井扭矩在作业时不会受到较大的推进阻力。施工单位应加强泥浆制备的失水量控制，对于一般地质层面来说，将泥浆每 30 min 水分流失控制在 10 ～ 15 ml，而对于土质较为松散的地质或对水较为敏感容易坍塌的地质层面，30 min 失水量应控制在 5 ml 左右，泥浆的酸碱性应为偏碱性，宜控制 pH 值在 8~10 之间。对于处于不同扩孔阶段的泥浆供求情况来说，需要根据不同的扩孔阶段选择合理的制备压力与泥浆流量来进行泥浆的供应。此外，泥浆配制应在专门的搅拌机中进行，以保证泥浆制备的质量。使用符合标准的泥浆进行填充，可以保证导向孔的通畅。

第三节　市政排水管道施工质量控制

一、市政排水工程的常见问题

（一）排水管道损坏导致渗漏水

在市政排水工程施工过程中，很可能会发生管道损坏导致渗漏水的情况。产生这种现象有很多因素，例如，市政工程所选用的排水管道质量不达标。在市政工程排水施工的过程中，有关单位注重节约资金与成本，因此，在施工过程中，选择一些质量一般的排水管道，从而导致市政施工在回填夯实阶段，管道就已变形塌陷产生漏水现象。在这样的情况下，如果发现了返工更换会延误工程的正常完工时间，耽误工程进度，还会提高施工成本；如果没有发现的就会对以后的维修管护工作造成极大困难，而且因管道损坏导致的路面塌陷还存在较大安全隐患。因此，有关施工单位在选择排水管道时，应严把质量关。不过在施工中，即使选择优质的排水管道，也会有排水管道因埋设深度不够、回填沙土不达标、夯实不规范等情况，加上工程车辆在上面继续作业施工，导致排水管道发生变形、裂纹等现象，从而让排水管道的渗水、漏水现象更加严重。因此，有关施工单位应对此情况提起重视。

（二）管道位置出现偏移或大面积积水

在市政排水系统建设中，管道位置出现偏移或大面积积水现象屡见不鲜，造成这种现象的原因很多。例如，在现场测量时，由于工程技术人员的误差，而造成的结果与真实情况存在偏差。此外，在工程建设的线路上遇到一些高大的建筑物，也会对测量工作造成很大影响，从而造成测量结果的误差。而在实际的施工中，如果测量误差在一定范围内，应该适当地调整偏差，来满足工程施工的要求。如果偏离规定的距离，必须重新调整，否则将会带来巨大的经济损失。另外，在城市的规划中，没有对排水管道进行科学设计，这也给市政排水工程的建设带来一定障碍，所修建的排水管道排水性能也比较差，并出现严重的积水问题。

（三）市政排水工程施工质量控制不足

在市政排水工程施工中，对质量的控制管理尚不健全，具体表现在几个方面：

首先，在回填沟槽的过程中，未严格按施工规范进行，导致工程质量达不到有关标准，从而导致一些施工工序没有及时完成。另外，在本应该采用人工回填的区域，却采用机械回填的方式，造成沟底回填的紧实度达不到实际的施工要求。其次，由于管道刚性界面的填充物质量较差，再加上在施工过程中所使用的材料与实际情况不符，都会让整个管线的质量受到很大影响。最后，一些施工人员的专业技能不足，在进行沟槽回填和排水管安装及恢复路面时导致大量砂石、土方、水泥、砖块等建筑垃圾掉落或滞留排水管道及检查井中。不仅如此，施工人员在完成上一道工序后，没有经过严格的检测，就直接进行下一道施工工序，一味地追求施工进度，却忽略施工质量，造成排水工程的质量出现问题。

（四）毒气、爆炸等隐患

由于城市排水管网所处地域的原因，各地区排水管网也有很大差别，例如，相比住宅区，工业地区排水管网通常都含有很多有毒的化学物质。另外，城市排水系统是一种密闭的环境，当污水收集到一定程度后，如果不能与外部进行有效的通风，就会形成一种可燃、可爆的有毒气体。如果对污水管网中的瓦斯检测和治理不够重视，则会导致安全事故的发生。

二、市政排水工程问题的防治和养护维护策略

（一）检查并采取漏水预防措施

市政排水工程的管道检查井因两端与井壁结合不牢，或沉砂井和检查井砌筑不良而形成渗漏多发部位。为了减少砖石法施工中出现的漏水渗水现象，可以在现场使用钢筋混凝土浇筑。而为了加速工程，可以使用预制的钢筋混凝土井。

防止检查井渗漏，应从井底基础和井壁砌筑两个环节入手，加强施工质量管理。在施工过程中，检查井的开挖要和挖沟的时间一致，并要在同一时间完成井下基础的浇筑。检查井可以在不含地下水的条件下进行，并在井底采取沙包围堰堵水、抽水机抽水等措施，防止基坑内出现积水。施工人员要清楚，最容易发生的泄漏现象主要是由于井底的沙砾等底基层没有按照规定进行铺砌，垫层与井底基础没有达到与管道同步的要求，因此，

在检查井底形成一个容易泄漏的高发区域。而对于使用预制钢筋混凝土的检测井段，在进入现场以前，应该对其进行检验。确保所有的预制构件都没有出现明显的质量问题。所有用于砌体的混凝土和水泥砂浆都应取样并进行检验，并在混凝土 50 m^3 的时候或在一个工位上进行 1 次检验。在施工过程中，对预制井壁叠层进行坐浆和灌浆，要做到坐浆和灌浆都要充分紧密，不能出现裂缝。内壁上的灰泥要按原浆勾缝，灰泥要按层压平，不得有裂缝、空鼓、渗漏。当涂布完毕后，表面不应有明显的湿渍与滴水现象。外墙用灰浆打磨、压紧。在使用砖石结构的圆形检测井时，要特别关注砖石结构的密实度，要对缺少物料造成井壁空鼓，从而产生渗水的现象引起注意。在砖石检测井的收口时，如果是四边的，则每次收口小于 30 mm，如果采用三边卷边，则每次卷边不超过 50 mm，以免卷边速度太快，造成卷边间隔太宽。如果在一次施工中未能完工，则在二次施工时，必须清除原有的砖面，并用清水浸泡，然后重新浇筑。

井壁浇筑完成后，要立即安装井圈和井盖并安装防坠网。检查井的流槽应该与管道连接处平滑、光滑，并要与井壁保持一致，而井底标高要根据污水井和雨水井的不同要求来确定，达到设计的目的。另外，检查井的预留管应该与检查井砌筑进度同步展开，预留管的管径、方向、标高应该达到设计要求，当预留管径大于 300 mm 时，要在管口砌砖圈对其进行加固，在管道入井处预留 50 mm 的环缝，用水泥砂浆或黏土填缝，预留支管的末端口应及时用砂浆封口、抹平。

（二）完善质量控制管理制度

首先，要根据有关法规，制定出相应的技术标准和使用流程，确保各种施工工艺都能达到要求。其次，要注意对设计图的质量检验，根据建筑施工现场的具体情况，按照安全、经济、合理的原则进行设计。要以图纸为基础，制订施工方案，重视施工周期的合理安排，更好地达到排水工程施工质量和施工效率的两方面要求。最后，在管理体系中加入各类先进技术的应用规范，为每一项工作的实施提供科学的指导。例如，在排水工程中，不仅要重视排水管线的建设，还要重视排水系统是否能正常运作。另外，要对施工现场的质量控制管理机制进行健全和完善，必须对与之配套的技术应用标准进行细化，主动地学习其他排水工程施工和建设中的经验，注意与项目实际状况的联系，对工程施工进行创新，加强对排水系统的管理和控制，从而让排水工程的施工可以满足排水系统的实际运作需求。

（三）加强现场监督

加强施工现场监督管理，为避免建筑施工过程中出现的各种安全问题，提前制定相应的对策。在市政排水工程每个子项目开始以前，都要有明确的管理目标并实行问责制，合理安排工序，合理分配时间和空间，做好细部处理和成品保护，保证工期，保证施工质量。

（四）对市政排水设施区域进行全面调查

为了在一定程度上提升城市排水设施养护和维护工作的安全性，要对排水管线进行全方位的调查和研究。

首先，要熟悉各道路排水管道标高、位置、流向、运行机制、长度及排水井数量等信息，其次，要对各个地区中有害物质的组成和危害进行精确的了解，从而为安全平稳运行打下坚实的信息基础。最后，要按照不同的城市服务职能来划分，并结合具体的环境、条件，制定有针对性的建设计划，从而达到区域化管理目的。

（五）管道位置偏移或出现积水的防治措施

首先，在施工以前要认真阅读有关规范，并做好交桩的复验工作。结合当地的实际地质条件，按照有关规范和设计要求，并在规定的范围之内进行复测。其次，对沟槽、平面基础轴线、纵向斜率进行详细的测量。在施工路线中，如果遇有需避开的建筑物，应该在适当的地方设置连通井。最后，应根据土质、机械特性等因素，对沟侧斜坡进行合理设计防止出现坍塌。如果沟槽较深，应按一定的深度进行分层开挖，而开挖时所产生的土料要合理堆积，能拉则拉，应拉尽拉。

（六）采用先进的仪器设备加强通风

虽然排水系统已有分区，但管道中各种有关检查是不可缺少的。做好引进和使用先进技术仪器的工作，对其进行安全检测，并对其进行通风，在确定其中有毒、有害气体含量在安全范围后，才能进行作业。要特别指出的是，其中可能并没有像硫化氢这样的气体被大量地释放出来。但在施工人员开展工作以后，由于空气流量的增加，会让有害气体突然升高。因此，应加大通风力度，并进行不断监测，才能保证施工安全。

三、市政工程排水管道施工质量的控制要点

（一）强化人员行为的管理

由于市政排水管道施工期间，施工人员的专业能力和技术水平对工程

项目的质量会产生直接影响，如果施工人员在现场工作中不能确保自身工作的效果，将会对工程项目的质量造成影响。因此，施工质量管理部门应重点进行施工人员行为的管控。

首先，施工之前考核分析每位人员的工作能力和技术能力，准确考察施工人员是否能够确保自身工作的质量，以免因为人员能力问题导致出现施工质量的问题。其次，施工过程中进行工作人员行为的检查，检查每位人员的管道施工行为是否符合技术规范和操作规程，一旦发现有工作人员行为不符合要求，必须责令工作人员纠正自身的行为，以免因为工作行为出现纰漏影响施工质量。最后，制定施工人员管理的制度，明确每位人员在现场施工过程中需要承担的技术和质量职责，定期开展考核评价活动，按照考评的结果进行人员奖惩，使所有人员都能按照职责标准要求等开展工作，提升施工质量控制的责任感。

（二）采用先进的信息技术

当前信息技术的快速发展，为建筑工程项目的质量管理带来更多机遇，能够改善工程质量管理的方式和方法，提升质量管控的可靠性和有效性。因此，市政排水管道施工方面，相关部门需要重点采用信息技术，提升施工工作的质量控制效果。

首先，采用网络信息技术，开发排水管道施工质量管理的平台系统，在系统中进行管道施工设计图纸和资料的存储、质量验收标准信息的存储、各类管材规格和施工技术流程、施工规范方案的存储等，利用信息平台强化各个施工部门之间的沟通交流，各部门进行数据信息的共享，使施工质量管理部门能够在平台系统中全面了解和掌握工程项目的施工质量情况，按照具体情况进行现场质量管控。其次，采用 BIM 技术，将管道施工的设计图纸和各类数据信息输入其中，建立管道施工质量管理的模型，施工管理部门利用三维模型直观了解管道施工情况，检查施工质量，同时还能利用三维模型为施工部门直观展现质量控制的措施，提升施工质量管理的直观性、可视性，预防出现工程项目的质量问题。

（三）完善质量监管机制

目前，我国在建筑工程施工质量管理工作中，监督管理工作受到广泛的重视，合理开展监管工作，能够提升施工质量管控效果。因此，应完善市政给排水管道施工质量监管机制。

首先，组建专门的监督管理团队，安排具有丰富经验和监督管理能力的人员在团队中负责进行管道施工质量的监管，动态性监督管道施工的情况，准确分析施工技术操作的规范性、工程项目质量的合格性，通过动态跟踪监督管理，及时发现施工质量的缺陷问题，提出能够有效应对和解决问题的措施，使施工部门在监管团队的支持下改善管道施工质量。其次，为提升施工质量监督管理工作的客观性和可靠性，市政工程管理部门可邀请第三方监理机构安排监理工程师在现场开展施工质量的监理活动，以监理工程师的专业力量准确研究排水管道连接、安装等施工质量问题，深入查找问题发生的原因，指导施工部门在现场高质量完成施工工作，有效预防发生工程项目的质量缺陷问题。

（四）强化材料的质量管控

虽然当前我国的市政排水管道施工前，相关部门能够通过对材料质量的检验检测，准确分析工程项目是否存在材料质量方面的问题，但是如果在现场施工期间不能合理进行材料质量控制，也会影响工程的质量水平，因此，在现场施工质量管理期间，应强化材料质量的管控力度。

首先，材料进入现场之前，应安排技术人员进行检验检测分析，采用专业的仪器设备和技术等检查材料的质量，保证管道的规格和性能符合要求后才能进入现场。其次，材料运输到现场应按照不同材料的类型分区域存储，以免因为不同材料集中存储发生化学反应影响施工应用质量。最后，材料领用的环节也要严格检查每样材料的质量是否符合规范，质量符合要求才能允许领用，避免出现工程质量缺陷问题。

综上所述，市政排水管道施工的过程中，施工质量管理工作十分重要，相关质量管理部门应重点进行施工之前的质量检查，对施工过程中沟槽开挖和支护的质量管理、管道基础和管道安装施工质量管理、砌体检查井的质量管理、沟槽回填的质量管理，在施工后完成质量的检验。同时，还需遵循相应的质量控制要点，合理进行施工人员行为管控，采用先进的信息技术，完善监理工作模式，提升材料质量管控效果，确保工程施工质量满足规范标准。

第四章　城市再生水利用研究

第一节　城市再生水系统优化

一、城市再生水系统的作用以及影响因素

（一）城市再生水系统的作用

当前多数城市再生水系统的研究承受着来自水环境污染、水资源短缺的压力。污水排放量仍在逐步增加，导致污水处理量不断提升。城市污水的处理需要耗费大量资金，若在处理之后仍未得到理想效果，则会产生二次环境污染问题[8]，也会对社会经济发展产生不良效果。城市污水再利用能够将景观水体、河流的季节性问题弥补，同时降低污染物的排放量也有利于生态环境的保护。从另一方面来说，我国当前正处节能减排的重要过渡时期，再生水工程对国家节能减排的实现具有重大意义。

（二）城市再生水系统的影响因素

再生水系统容易受到外界影响，这些影响因素都造成了其具有非常不确定性的动态。其主要的影响因素有水资源开发利用程度、城市人口、生态环境、居民教育水平、经济能力、城市规划布局、再生水用量等。

二、再生水系统安全保障面临的主要问题

（一）再生水系统面临的安全问题

再生水系统是一个复杂的非传统供水系统，主要包括水源（污水 / 二级处理出水）、污水再生处理、再生水储存与输配、再生水利用等基本要素。污水经过再生处理系统，成为达到一定水质要求的再生水，再通过输配与储存系统，供给不同用户。由于污水中的生物和化学污染种类繁多、组分复杂、危害效应和处理特性各异，再生水不同利用途径所需的安全保障水

平也不同，系统中的每个要素都可能对再生水水质安全保障和风险控制产生影响。

基于危害分析与关键控制点（HACCP）风险评价和管理理论，按照“源头控制与过程控制相结合、单元优化与系统优化相结合”的基本原则，识别并将关键因子控制在一个可接受的风险水平，是保障再生水系统安全可靠高效运行的基本思路。

（二）再生水系统评价指标及其局限性

我国现有的污水再生利用标准及规范主要针对工程施工及应用，对于技术参数的确定方法和工艺指标的选择依据缺乏科学系统的分析。例如，现有标准中对氨氮、有机物、大肠菌群数、浊度、色度等水质指标的要求较低，但从实际监测结果来看，再生水输配管网中这些指标浓度较高且水质波动较大。同时，对于具体处理技术单元，往往没有给出与水源水质、出水水质等之间的关系。尚未从系统的角度，综合水源、处理、储存、输配、监测等关键环节，提出再生水系统评价和质量管理要求，在实际处理过程中难以应对多样化的进水水质以及水量的变化，对再生水水质安全保障带来了困难。

例如，对于种类复杂、难处理成分较多的工业废水，如果预处理系统运行不稳定，导致难处理成分特别是生物毒性大、对生物处理系统中生物活性有明显抑制作用的成分流入后续处理单元，就会给再生水系统带来不良影响，从而影响再生水出水水质。近年来的研究表明，仅监控再生水厂出水的水质，并不能保障再生水用户端的水质安全。经过深度处理后的再生水中仍含有一定浓度的有机物和微生物，在储存和输配过程中容易发生水质劣化。消毒剂对生物有显著的抑制作用，但若管网中的余氯超过一定浓度，则可能威胁后续景观水体利用中生物的正常生存与繁衍，引起生态安全问题。因此，需从系统的角度进行统筹协调考虑，确定系统的薄弱环节，采取相应的措施。美国科学研究委员会《城市污水提高城市供水能力》报告指出，在水质保障策略能够保障处理系统可靠性的前提下，现有的城市污水再生处理工艺能够提供与目前许多成功运行的供水系统同等的污染物风险控制水平。保障再生水系统的安全性、高效性和经济性，从整体上提高和保障系统的可靠性，对于推广再生水利用具有重要意义。

三、再生水系统的可靠性

（一）可靠性的来源及其重要性

技术领域的可靠性（reliability）概念最早起源于第一次世界大战结束，主要应用于航天军事工业，随后逐步扩展到建筑、电力、通信、生态等许多领域，发展十分迅速。系统可靠性一般是指在规定时间内和工况下，系统稳定完成规定功能的能力[9]。高可靠性可以提高系统完成任务的能力，同时降低维修保障费用，达到可靠性与经济性的综合平衡。系统可靠性的研究对减轻系统风险具有重要意义。例如，在系统设计方面，不仅需要重视研发产品的性能，还需重视产品的可靠性，采用行之有效的可靠性设计分析、试验技术，以保证和提高产品的固有可靠性。在管理和监管方面，可建立故障报告、分析和纠正措施系统，以重视和加强可靠性控制。可靠性是一个跨学科的综合性词汇，涉及多方面复杂问题。在城市供水领域，有关提高供水可靠性的问题虽然从20世纪70年代就已提出，但由于不同自来水厂的自动控制水平、水源水质、处理单元等各不相同，尚未形成统一认可的可靠性分析手段和方法，在供水行业中应用可靠性工程技术还处于理论探索阶段[10]。根据SCOPUS（目前世界最大的文摘和引文数据库）搜索，标题带有"可靠性"的文献数量高达72万篇，然而与"再生水可靠性"有关的文献数量十分有限：标题中含有"再生水可靠性"的文献仅有4篇，内容与再生水可靠性相关的文献不足300篇，针对再生水系统可靠性的研究明显不足。

（二）再生水系统可靠性的基本概念及其内涵

再生水领域缺乏对可靠性。统一的认识和定义会造成相关数据收集和整合困难、统筹协调不足、再生水系统风险管理和过程控制程度不高、评价方法不统一等问题。供水领域的可靠性通常定义为饮用水及时可达、具备一定的水质水量，且满足相应的用户端要求。相比而言，再生水水源一般为城市污水，数量稳定可靠，基本不受季节、雨旱季、洪水枯水等气候影响。因此，再生水系统的核心目标是保障水质安全稳定和系统可靠高效运行。再生水系统可靠性通常理解为系统出水水质可以稳定达到或超过现有水回用标准或处理目标的时间百分比。对于再生水饮用回用系统，其可靠性可理解为系统出水能够始终如一地满足或超过现有饮用水系统提供的公共健康保障。再生水系统出水越符合这些要求，其可靠性就越高。饮用水供水可靠性内涵主要包括 3 项彼此间相互关联的属性，即连通性（持续时间、停工期时间等）、功能性（水量、水质、水龄等）和稳定水压（水压波动性）。对于再生水系统而言，可靠性的内涵主要包括冗余度、鲁棒性和弹韧性。

提高再生水系统可靠性的重点在于故障控制，主要通过以下 2 种途径实现：故障预防（通过冗余度与鲁棒性来体现）和故障响应（通过弹韧性来体现）。

冗余度。冗余度是指系统超出最低要求的水质保障能力配置，再生水处理能力的冗余是指系统需要具备超出最低水质安全保障要求的处理能力，以保证某一单元发生事故时，系统仍能够稳定持续地达到处理目标 / 性能指标。目前，提高冗余度的常见形式主要有增加处理系统中与其他单元并行的备用单元、使用更保守的处理方法（如增加额外的处理能力或额外的处理过程）、安装用于某些关键控制点监测任务（如消毒剂残留物）的备用设备等。增加并联或备用设备的目的主要是确保系统能够更加可靠地运行其设计能力，而其他形式的冗余设备（如提供额外处理和监测）旨在确保系统可以更可靠地达到其处理目标。

提高系统处理能力的冗余度，可以有效地保证系统能够适应或满足更高的处理目标和水质需求。

鲁棒性。鲁棒性是指系统在某种扰动作用下，保持功能稳定的能力，即抗干扰能力。再生水进水水质复杂（存在多种化学污染物、病原微生物以及一些新兴或未知污染物）、在污水再生处理过程中存在某个 / 多个单元失效的可能性，同时系统还可能受到外界的冲击和干扰（如进水的冲击负荷等因素的影响）。多重屏障安全保障的概念可有效提高系统的鲁棒性。多重屏障模式可通过设置不同屏障拦截或处理不同污染物，同时可确保在某一环节发生故障时，系统仍具备一定处理能力，避免系统失效，即降低了失效风险。

冗余度和鲁棒性相辅相成，均可通过优化多重屏障安全保障模式预防故障并提高可靠性。

弹韧性。弹韧性是指系统对突发事故的应对和功能恢复能力。冗余度和鲁棒性旨在避免系统发生事故，但系统事故的发生不可能完全避免，因而弹韧性要求系统可以采取措施成功应对事故的发生，在发生故障时不会对公共健康造成伤害。弹韧性主要通过以下 2 种形式增强：对于某些可预见性的灾害（如洪水、地震等自然灾害等），可开发预防性策略和措施以减少其影响，例如在地震多发地区可进行水处理设施和基础设施的抗震加固，在龙卷风易发地区可设置备用隔离电源；建立故障迅速做出响应系统，如在停电期间对已处理和未处理的水自动进行分流。2 种形式可以有效结合，以预防常见和罕见的故障事件。

其他指标。除冗余度、鲁棒性和弹韧性外，负效应也是评价系统可靠性的重要指标，主要反映再生水系统伴生风险，包括有毒有害消毒副产物生成、消毒后微生物复活和生物稳定性降低等方面。此外，在某些工业领域，例如发电行业，还将可用性（或持续供应）确定为其关键目标[11]，但从公共健康的角度考虑，稳定持久的保护（可靠性）还是应当优先于稳定持久的可用性。

（三）再生水系统可靠性评价指标

根据再生水系统可靠性内涵，可进一步确定各维度的评价指标和定性/定量评价方法。例如，冗余度评价指标可包括崩溃负荷（安全系数）、崩溃时间、传递度、备份度等；弹韧性评价指标可包括处理单元故障率、故障严重程度、故障修复时间、灵敏度、精确度、安全防范措施、管理水平等。对于鲁棒性和负效应的评价，则通过选取特征污染物（如指示病原微生物、消毒副产物等）的方式，考察其在再生水系统中的特性和变化规律。综合各维度定性/定量评价结果，结合主观赋权法（德尔菲法、层次分析法等）或客观赋权法（熵权法、C R ITIC 法等）确定各维度权重，可利用多准则分析模型计算得到再生水系统可靠性综合评价结果。

第二节　再生水利用的现状与发展

一、再生水利用途径

再生水用途广泛，可代替常规供水，用于生产、生活和生态。《城市污水再生利用分类》（GB/T 18919-2002）将再生水利用途径分为农、林、牧、渔业用水，城市杂用水，工业用水，环境用水及补充水源水五大类。据统计，至 2012 年，中国城市污水处理回用途径中，工业利用和景观环境利用是最主要途径，分别占总利用量的 45.4% 和 37.0%，且工业与景观环境回用水量逐年增加，农林牧业和城市非饮用水回用量逐年减少，分别占再生水总利用量的 13.7% 和 3.0%。在全球范围内，农业灌溉用水是主要利用途径，占总利用量的 32%，景观灌溉和工业用水分别占总利用量的 20% 和 19%，在城市用水中，城市非饮用水、环境改善用水、休闲用水三项占比均衡，分别占总利用量的 8%、8%、7%。而对于再生水用途中水质要求较高的间接饮用和地下水回补仍占比较少，各占总利用量的 2%。但在大型城市中，再生水回用途径多局限于城市景观环境用水。例如，2019 年，广州市再生水利用总量 4.3 亿 m^3，其中用于城市景观环境用水占比达到 99.5%，仅有 0.5% 用于其他用途；北京市 2020 年再生水利用量达到 12 亿 m^3，景观环境用水的占比达到 92.5%，4.83% 用于工业用水，仅 2.67% 用于其他用途。

（一）农业用水

农业方面主要应用于农田灌溉、造林育苗以及畜禽和水产养殖，中国每年用于农业灌溉的水量约为 60 亿 m^3，再生水用于农业灌溉可以有效缓解北方地区水资源短缺造成的农业用水压力。由于农业灌溉需水量大，在部分国家，农业灌溉已成为再生水回用的重要途径。在中国，由于北方水资源短缺，北京、天津、西安、太原等城市从 20 世纪开始发展污水回用灌溉，逐渐成为中国主要的再生水农业灌溉区域。

（二）城市杂用水与工业用水

目前中国城市再生水除农业灌溉外，还用于城市杂用、环境用水和工业用水，其中城市用水主要包括城市绿化、清洁、建筑施工、消防等方面；工业方面主要用于冷却、洗涤、工艺和产品用水等方面，工业用水量大且水质要求不高的特性给再生水的使用开辟了道路；环境用水主要用于娱乐性和观赏性的景观用水以及构建人工湿地，这三类用水对水质的需求相对较低，但考虑到在回用过程中与人直接或间接的接触，再生水的使用标准仍应严格控制。我国的北京、天津、石家庄等城市通过建立大型污水处理厂将其出水用于景观河道、湖泊的补给水。

（三）地下水补水

经过深度处理且水质较好的再生水还可用于补充地下水，用于生态补水的再生水需经过深度处理，达到补水要求后方可进行排放，以免进一步污染原有地下水。中国在再生水用于补水方面的应用较少，用于地下水回灌的水量仅占总利用量的 0.9%。地下水的补充对保障河流水源供给、增加水资源长期储量和季节性调配能力具有重大意义，但由于其较高的水质排放标准，对再生水处理过程中的各项技术提出了更高的要求。

（四）饮用水源地补水

再生水补给饮用水水源可有效增加饮用水的供应，虽然是解决饮用水危机的有效方法之一，但仍存在一定的潜在风险，主要包括水体富营养化，病原微生物，重金属等风险因子危害公众身体健康。再生水补给饮用水在国际上已有超过 50 年的研究和实践，但主要集中在美国、澳大利亚和新加坡等国家，中国在这方面的理论和实践研究仍较为薄弱，且无实际应用案例。

二、国内再生水利用现状

（一）再生水使用情况分析

我国水资源始终处于匮乏状态，人均水资源是世界平均水平的四分之一[12]，水资源在时间环境、空间环境、区域环境之中的分配均衡性不高。在空间分布方面，南方地区水资源较多，而北方地区水资源较少。随着经济发展速度以及城市化发展进程的加快，城市缺水问题尤为突出[13]。虽然在现有的社会发展背景下，很多管理人员逐渐认识到城市再生水管理的重要性，但国内再生水资源的合理化使用推动进度依旧缓慢。

在现阶段我国水资源管理中，水资源浪费与污染问题尤为突出。很多传统思想认为，这种短缺现象以及浪费现象并存的状态，可以通过行政管理手段解决，例如，提升水价的方式限制用水量，但是浪费现象本身并不能由水价有效解决。因为在全面思考浪费问题的过程中，不可忽视的是限制人们的行为所额外带来的资源消耗。国家建设部的资料显示，当水费支出占据居民消费总支出的 2.5% 左右，人们将逐渐地考虑节水的问题。只有占比达到 10%，人们才会考虑水资源的重复利用。为了有效缓解水资源供需不平衡，在一定范围内进行污水回收利用，可以节省优质的饮用水源[14]。

目前，我国已经逐渐进入经济建设发展的关键时期，虽然时代的发展推动了节约水源工作的落实推动，但是各领域的用水量却始终呈现增长趋势，导致了水资源短缺问题严重。水资源的缺失对国民经济的稳定发展产生了较为直接的冲击和影响，也已经引起了关注。相关的预测信息分析表明，水资源危机问题已经占据了世界各类资源危机的首位。再生水的回收利用在我国已经有数十年的发展历史，污水处理厂、污水净化设备的有效使用推动了技术的创新改革，也加快了再生水的合理化使用。但是，在较短的发展过程中，再生水的使用质量相对较低，同时由于受到外部因素的影响冲击，自身的技术开发与管理能力不高，限制了其合理化使用。此外，在当前的再生水利用过程中，虽然在信息化技术的支撑下，所有工作都是以系统化的监督管理方式和管理优化方式进行再生水的监控管理，但是缺乏专业的管理队伍和技术人员对整个操作管理的流程进行监督管理和全面分析管控，为此，只有进一步加快市场协调，做好再生水技术分析，才能满足我国再生水的合理化使用需求。

（二）再生水技术可行性分析

技术的飞速发展使得在城市环境中进行再生水利用并不存在技术性问题，现阶段的水处理技术可以将污水处理到人们所需要的水质标准。电渗析技术、反渗透技术、离子交换技术、组合式软化水技术、超滤技术等都是水净化的主要技术。其中，超滤技术利用压力活性膜，除去水中的胶体、颗粒和相对分子量较大的物质。反渗透技术同样是利用膜组件实现水体净化，膜的设计可使一定大小的分子被除去。城市污水所含杂质相对较少，只有0．1%，使用基础性的水污染处理手段，经过预处理、过滤处理后出水即可满足当前社会生产生活的杂用水需求，包括房屋冲厕、车辆冲洗、街道冲洗以及一般工业冷却水的使用要求等等，而微滤膜处理系统出水可以适应当前景观水体用水要求。

我国现行的再生水技术一般分为物理、化学和生物三种处理方法。物理方法是指沉淀过滤处理，化学方法是指加氯或者加铁处理，生物方法是指活性污泥处理，具体处理方法的选择取决于再生水的用途。如果将处理后水体排放到河流中，一般会同时应用以上三种方法。如果处理后水体用于灌溉，则通常只采用化学和物理方法。结合国内外污水处理特点可知，现阶段的污水再生可用于工业生产、农业生产、市政使用以及不同的水源使用上，为了保障我国城市建设和经济建设可持续发展，国家建设部和国家市场监督管理总局编制了《污水再生利用工程设计规范》（GB/T50335—2002）、《城市污水再生利用分类》（GB/T11919—2002）等专项标准，其目的就是为了做好城市污水资源以及污水处理质量的管控，同时为技术管理提供标准的数据支撑。

（三）再生水经济可行性分析

与其他水资源利用方式相比，再生水利用的经济优势主要在于以下两个方面。

首先，污水再生利用的造价比远距离引水更加便宜。污水经过二次处理再生之后，就可以作为可再生资源有效地用于不同的环境之中。污水再生的基建投资远低于远距离引水，投资率也相对较低。其次，污水再生利用也比海水淡化更具经济优势。城市污水中所含杂质相对较少，通过深度处理可实现污水中杂质的高效去除，而海水中溶解有大量盐分和有机物，且杂质相较于污水更高，需要采用高盐废水处理手段对其进行净化处理，因此，无论是基建成本还是运行成本，海水淡化成本均会高于污水处理再生。

（四）城市再生水利用存在的主要问题

各城市再生水利用的现状情况差距较大。从我国各城市的排水管网、污水处理设施的建设以及运行情况来看，目前对于再生水的利用来说，虽然全国各城市的再生水利用量都在逐渐增加，再生水管网的建造也在增加，但是各城市之间的差距较大。在北京、上海、深圳等再生水发展利用较早的城市，其再生水的利用技术相对成熟，污水再生的利用水量与利用效率均远高于其他城市。

资源回收效果不好。一般而言，将城市污水回用于农业灌溉对于污水中的各种养分资源的利用效果最好，且回用水只需要通过污水二级处理后再加以简单的稀释和消毒即可[28]，但我国对于再生水用于农业灌溉目前还很少，导致污水中的含氮、磷元素的物质的回收利用效率低下。由于我国城市分散式再生水利用设施运行效率较低，而集中式再生水利用通常将污水处理到能满足对水质要求最高的用户用水的水质标准，这会将污水中的营养物质大量地去除，因此对于污水中的资源回收效果并不好。

再生水缺乏与城市供水管理的整合。我国城市再生水系统规划缺乏前瞻性，城市污水收集与处理设施滞后，导致城市水资源的分配不合理。大部分城市在进行污水再生利用规划时，没有与城市的供水规划管理有机结合，导致在给水规划时市政给水量大于实际的需水量，使得给水处理设施规模偏大，造成了给水处理设施及管网投资的浪费。

再生水利用系统规划方法单一。我国目前对于再生水利用模式和规模的判别依据主要是依靠临界距离法，而临界距离公式的推导过程中仅体现了直接经济因素对再生水利用的影响。事实上，随着城市的发展和水资源的污染情况越来越严重，城市对于再生水的依赖程度越来越大，再生水已经成为除市政淡水水源之外的第二大水源，各类型的再生水已经逐渐融入城市的供水系统中。同时，人们也普遍认为，城市的供水系统要变得更加地可持续，需要摆脱所有水用途都以单一质量饮用水作为供应水源的低效率供水方式，通过使用多样化的水源，分别为每种最终用途提供各自适当质量的水。从污水再生利用规划缺乏前瞻性问题来看，国内尚未构建出完善的污水再生利用规划指标体系，在水资源利用方面并未给出标准、统一的规划方式，导致各地区污水再生利用系统存在不均衡发展问题，无法达到预期要求。

因此，对于再生水利用系统的规划，不能只考虑经济因素对再生水利用的影响，还需要将各种其他的影响因素考虑在内，比如：再生水利用对环境的影响，对水资源可持续的影响，以及再生水利用的技术性能的影响。基于上述的情况下，临界距离法已经不适合作为未来城市再生水利用系统的规划方法，需要一种新的方法从经济角度、环境可持续性角度、资源回收效益角度、利用系统技术安全性角度等多方面综合考虑，对城市的再生水系统进行规划和管理。

三、再生水利用优化措施

为打造再生水利用的全国标杆，全面构建以再生水为重要补充的水资源战略保障体系，以再生水为重要拓展的分质供水产业布局，以再生水为重要载体的水环境综合治理模式，进一步优化“政企协同、市场主导、示范引领”的多元化再生水利用格局，本书研究并提出以下几点对策和建议：

加强规划统筹，做好顶层设计。尽快建立由各部门共同参与的再生水利用联席会议制度或协调小组，统筹协调再生水利用工作中的重大问题。尽早印发《关于加快推进再生水利用的指导意见》，明确各相关部门和区（县、市）任务。加快编制《再生水利用专项规划》，合理规划设施布局，明确再生水利用目标，并做好与水资源利用总体规划、给水专项规划、排水专项规划之间的统筹。出台《城市排水和再生水利用条例实施细则》，规范再生水建设、使用、运营、监管等行为。对应当使用而未使用再生水的，在《供水和节约用水条例》中明确法律责任与罚则条款。

完善标准体系，做好增量提效。研究出台再生水利用的地方标准，建立污水排放—污水处理—再生水利用的水质标准体系，重点做好水体水环境功能要求与再生回用标准的衔接，大力推进再生水生态补蓄、梯级利用和区域循环利用。将再生水纳入水资源供需平衡分析和配置体系，在水资源论证审查和取水许可审批中优先配置使用再生水，限期依法关闭未经批准和公共供水管网覆盖范围内的自备水源等。

完善保障体系，做好政策引导。从供、需两侧发力，尽快建立有利于推进再生水利用的价格、激励、考核、监管机制。探索研究再生水利用价格形成机制，建立使用者付费制度，实施再生水由供应企业和用户按照优质优价的原则自主协商定价机制。在激励政策方面，建议对生产企业实行电价优惠、税费减免政策，对用户实行按量优惠污水处理费、水资源费政策，探索污染物排放量与再生水质本底值相抵扣的政策等。建立健全考核监督机制，将关键指标完成情况纳入考核体系。尽快搭建再生水利用安全监管体系，明确监管责任主体，完善监管制度，强化对重点指标的监测管理。

加快设施建设，做好硬件支撑。在输配设施方面，将再生水管网纳入市政基础设施范畴，按照相关专项规划建设期限和时序，编制年度建设计划并有序开展输配管网设施建设。在城市综合管网建设中按照能入尽入的原则，预留再生水管位，与路网建设同步推进。同时，因地制宜建设人工湿地或河道生态涵养塘等水质净化工程，进一步提高出水的生态安全性。在生产设施方面，应加快推进再生水规模能力的环评论证。

强化需求导向，做好高质量发展。未来再生水行业将以市场化发展方向为主，在推进再生水设施建设中，建议以需求为导向开展用户匹配分析与研究，摸清用水潜力，评估现有污水处理厂的出水水质，从再生水水质分级供应的角度出发，开展“以质定用”和“按质管控”相关研究工作。鉴于再生水不同于传统的供、排水系统，具有不同的风险因子、暴露途径和风险产生机制，建议实施厂、网、河、湖一体化协调管理，持续开展有针对性的风险研究、评估工作，确保再生水利用安全、稳定、高质量发展。

加大宣传力度，做好推广工作。再生水利用工作仍处在初期，需要发挥各地方政府、相关部门以及新闻媒介的宣传阵地作用，加强政策解读、加大宣传力度，引导社会各界支持再生水利用，完善公众参与机制，充分发挥舆论监管、社会监督和行业自律作用，为再生水利用工作顺利开展营造良好的社会舆论氛围。同时，鼓励开展再生水利用相关科学研究，推广应用先进的技术、工艺、设备和材料，提高再生水利用能力。

第三节　再生水处理工艺

一、曝气生物滤池技术

（一）曝气生物滤池技术的简要概述

曝气生物滤池被研究出来的时间较早，最初主要是在欧美国家使用，直到20世纪80年代才引入到我国，使用在水资源治理领域。用专业的术语来讲，曝气生物滤池叫作淹没式曝气生物滤池，它的治理效能较好，特别是最近几年，我国频繁地使用曝气生物滤池。在技术方面曝气生物滤池有了部分的改进，治理效能更加强大，功能更多。曝气生物滤池主要可以完成曝气、截留悬浮物等功能，也就是说，在水污染处理的过程中，曝气生物滤池可以将小颗粒滤料装入滤池中，在滤料的表面会形成一层生物膜，然后在进行曝气或者有其他污水流入时，生物膜就会发挥其独特的性质，不断氧化降解各种有害物质，达到处理污水，净化水质的目的。目前，在曝气生物滤池技术中，使用的生物载体主要是石英砂和活性炭，它们的吸附性能较好，即使滤池中的杂质物体流出，也不会带动生物膜流出，使生物膜能够保持原有的活性并不断处理各种有害杂质。与其他处理技术最大的不同就是，使用曝气生物滤池技术一方面可以实现处理水的目的，另一方面还可以净化水资源，达到再次使用的效果。

（二）曝气生物滤池分析

1.特　点

使用曝气生物滤池技术的特点主要有三个：

一是将悬浮固体物截留并与生物膜接触，降解处理水中杂质。与其他处理技术相比，曝气生物滤池技术可以省去沉淀池这一环节，减少沉淀成本投入，而且处理水的负荷较大，可以满足大量污水处理工作。二是能够改善污染水的水质。去除污水中的杂质之后，曝气生物滤池技术还可以高效处理水中含有的氨氮化合物，起到净化水的目的，当水需要二次使用时，只要经过合理的消毒就可以投入使用。三是处理快速，减少投资成本。

2. 作 用

使用曝气生物滤池技术主要利用水中的微生物作用，微生物能够达到良好的去浊效果，具体表现在以下几方面：

微生物的吸附作用。正是微生物良好的吸附作用，才是生物膜能够稳定工作的基础，好氧微生物在曝气的作用下，能够稳定吸附在滤料表面，当有污水经过时，好氧微生物可以不断吸附污水中的浊质离子，将大量的浊质离子进行聚集，进而达到处理的目的。

滤料间的活性污泥可以捕捉浊质离子，还可以利用游离细菌达到助凝浊质离子的作用。当浊质离子在不停运动的过程中，游离细菌可以凝聚浊质离子，将浊质离子进行汇聚，而活性污泥可以吸附浊质离子，当游离细菌聚集浊质离子之后，活性污泥进行吸附，将浊质离子都聚集在滤料表面。

部分细小的微生物也可以处理浊质离子。细小微生物能够发挥其独特的性质，吞食浊质离子，细小微生物的活性越高，浊质离子的数量就越少，水的治理效果越好。

（三）曝气生物滤池技术与常规污水处理技术对比

将曝气生物滤池技术与常规污水处理技术相比，就可以看出曝气生物滤池技术的优势。

常规污水处理技术。该技术能够有效去除污水中的有机物、色度、藻类以及嗅阈值，处理效果较好，处理数据也非常理想，但是唯一不足的就是无法去除污水中的氨氮化物。一般情况下，处理氨氮化物都会采用预臭氧工艺，但是处理结果显示氨氮化物并没有完全反应，在水中仍然还存在部分氨氮化物，甚至还会提高水中亚硝酸盐的氮含量。在常规污水处理技术当中也会使用生物处理技术，但是占用的比重较小，且微生物表现出的活性较低。

曝气生物滤池技术。该技术主要利用水污染中的微生物，一方面利用微生物良好的吸附能力，另一方面利用水中的游离细菌和活性污泥，达到凝聚和吸附浊质离子的功能。使用该技术还有一个最大的优点，它可以处理水中的氨氮化物，使水质达到稳定清洁的状态。同样的污水量，曝气生物滤池技术处理污水的速度更快，出水量更多，处理效果更加明显。

因此，常规处理技术与曝气生物滤池技术相比，差别在于曝气生物滤池技术主要利用微生物的各项能力，提高对污水的各项处理效率。

（四）曝气生物滤池技术在再生水处理工程中的应用

1.应用流程

曝气生物滤池技术的使用流程为：

利用提升泵将再生水处理站中的污水排放到曝气生物滤池当中，先对污水进行曝气处理，在处理的过程中就会发现在滤料的表面会形成一层生物膜，该生物膜可以有效去除水中的各种有害物质，比如化学需氧量（简称 COD）、生化需氧量（简称 BOD）等，可以达到 60% 左右的处理效果。

将经过曝气和截留处理的污水排入到配水井中，在配水井中经过结合之后一并排入到澄清池中，在澄清池中进行沉淀。

在沉淀的过程中需要在澄清池中加入石灰、助凝剂以及硫酸，加入这几种物质的主要目的是去除水中的悬浮物（简称 SS）与杂质，另外还可以去除污水中未处理干净的氨氮以及有害物质等，使水质达到干净的要求。

将在澄清池中经过净化的水排入到 V 型滤池中，V 型滤池中的部分石英砂可以实现水质最后的净化和吸附，完成该步骤之后，污水的处理工作已经结束。

将完全处理之后的水质排到清水池中，在清水池中进行储存，如果需要使用水质，需要在水池中添加氯完成最后的消毒杀菌工作。

2.应用效果

使用曝气生物滤池技术，滤料上的生物膜一方面可以隔绝悬浮物和污染物，另一方面可以吸附水中的有害杂质，实现对污水的处理，使其达到二次使用的基本目标。

随着曝气生物滤池技术的不断开发，使用频率越来越大，在曝气生物滤池技术普及使用的形势下，也需要对曝气生物滤池技术进行研究，确定它是否还需要进行技术改进。通过实际使用情况可以看出，虽然曝气生物滤池技术中的生物膜厚度较小，但是它的吸附能力确是真实可靠的，可以达到高效吸附的目标，曝气生物滤池技术的污水容积与水力负荷都比较高，因此，可以有效去除水中的氨氮、COD 以及 BOD 等杂质。根据目前曝气生物滤池技术与传统处理技术相比，既可以省去部分沉淀池等设施，又可以降低前期成本投入。除此之外，曝气生物滤池技术的生物膜可以起到净化水质的作用，解决了水中大量的有害物质，可以解决部分能源使用问题。

二、双膜法

（一）双膜法工艺介绍

双膜法是以滤料表面为介质，让微生物附着于滤料表面之上，从而形成一层微生物膜，微生物膜对污水中的有机污染物具有吸附作用，在污水经过生物膜时，生物膜的吸附作用就可以将污水中的有机污染物吸附其上从而达到净化污水的目的。双膜法实施技术比较简单，实施成本较低，适用范围也很广，相比活性污泥法具有显著优势，还可以弥补活性污泥法的不足。但是温度对双膜法的影响较大，当温度过低或过高时都会导致双膜法效率下降，甚至会导致生物膜坏死。因此，双膜法的应用需要做好日常管理工作。生物膜技术可以在预处理工艺中使用生物过滤反应设备、抽样生物活性炭吸附、生物接触氧化反应器、生物转盘反应器、土地处理系统等多个方面。过滤反应器的作用是提高过滤效果，经常在浓度比较低、温度比较低的水资源中使用。生物接触氧化器可以在浓度较高的水资源中使用，材料的缝隙比较大，不容易出现堵塞现象，在高浓度的污水处理中运用得比较多，可以推广使用。

（二）工艺流程设计说明

污水经处理后，高、低浓度废水统一排入中间水池。中间水池提升泵再将综合废水送入一体化净水器中混凝、沉淀、过滤，去除废水中细小悬浮固体，进一步降低废水的有机物浓度和色度，排入超滤原水池。输送泵将废水泵入超滤膜系统处理后的产水输送进入超滤产水池；部分超滤产水用于超滤系统反洗。超滤产水再由输水泵输送，由高压泵进一步加压后进入反渗透膜进行分离，仅有水透过膜进入回用水池，无机离子和有机污染物被截留，随浓缩液排放。

（三）现存问题

通过使用双膜法对高盐度污水进行污水处理时，能够较大程度上清除污水中的盐分。在污水处理系统运行阶段，要让进水与出水符合需要达到的标准，在第二阶段设置增压泵，将两层之间的水流进行平衡，然而这种传统方式在长期的运行经验中表现出了许多问题。

进水 pH 调节单元存在缺陷。该系统采用 pH 控制装置作为浓硫酸，高盐水污染箭头值为 6.5 ～ 7.5。注入系统中的酸管道经常面临很高的运输压力，这可能会在废水处理中迅速导致高温情况，并由高浓度的酸引起，从而出现可能因加工设备的侵蚀而导致系统故障。

长生命周期。在操作中，可以控制过滤器设备的参数，注意电力、电压、流量、密度、温度和压力的一些重要参数，使系统能够在合理范围内稳定运行。当渗透压力较低，有利于膜的整体稳定性和使用寿命。整个系统和设备成本低廉，适应性强，易于管理、运行和生产水。

低盐柱。该系统在处理高盐度废水时引起巨大的热量，尤其是在夏季高温下，废水温度提高到 38℃，使得废水中的高盐值难以分离，盐度值难以下降，并且由于水温过高而影响膜的寿命。此外，盐含水量的增加抵消了净驱动推力。

（四）双膜法系统的运行维护

1. 超滤膜的化学清洗

超滤膜污堵是运行过程中常见的问题，需要分析污堵原因并进行合理的化学清洗。由于本系统原水中微生物、铁、锰、硫酸盐、总硬度浓度高，超滤膜表面截留大量的氢氧化铁、二氧化锰，超滤膜表面在运行 3 天后就被红色的污染物完全覆盖，铁、锰是超滤膜污堵最严重的污染组分。微生物在超滤膜表面被截留并大量繁殖，微生物是超滤膜最常见的污染物。连续运行 3 个月左右，超滤膜出现了轻度的碳酸钙、硫酸钙结垢，导致超滤膜存在各种组分的复合污染，难以用单一方法清洗。针对出现的污染组分，应采用对应的清洗药剂和方法，保证超滤膜得到有效的恢复性清洗。实际清洗时，需要根据不得污堵方式和严重程度，灵活选择清洗药剂和清洗剂浓度。

2. 反渗透（RO）膜的化学清洗

当 RO 膜压力降上升 15%，产水量下降 10% 时，需要对系统进行化学清洗。酸、碱性清洗根据污染程度分段进行，清洗控制 0.1 ～ 0.3 MPa。酸清洗时，0.2% 的盐酸被配置为 RO 生产用水。温度会上升到大约 40℃加热，低压循环不得超过 20 min。Taupaste 2-5 h 循环终止，在污染程度较高的情况下，用 RO^- 低压冲洗 1 h。碱清洗时，0.1% 接近 +0.025% 1 ～ 2 h 亚硝酸盐钠基溶液，温度约保持 30℃，循环 1 ～ 2 h 后，Taupaste 关闭，随后的清洗步骤与酸保持一致。化学清洗后的流量通常会增加 98% 以上。

3. 水管系统的优化

反渗透产水各项指标均远优于再生水用户用水需求，其生产成本也相对较高。超滤产水水质稳定，但尚达不到用户水质需求。为了实现用水水质和产水成本间的平衡，通过部分超滤产水与反渗透产水混合配水，在满足用水水质标准前提下，尽可能多配入超滤产水，以降低生产成本。配水系统具有实时监测超滤、反渗透产水水质指标、流量指标及流量控制的功能，通过自控程序实时调节超滤产水和反渗透产水的配水比例，使配制后的再生水稳定达到设计出水指标。

4.加强生物膜技术管理和工艺研究创新

双膜法在污水处理过程中，生物滤池经常出现堵塞而且工作条件恶劣，这就需要对生物滤池的填料按时进行清理，在生物滤池工作一段时间后要及时将旧的曝气器替换掉。当生物滤池在高强度工作时污水处理后水质往往不高，而且生物转盘处理效率也会大大降低，针对这类问题就要对双膜法新工艺进行研究创新，从而不断创新出新型的双膜法。因此，一方面要优化现有管理工作模式，提升预处理能力，加强生物膜日常维护工作，有效解决堵塞问题，另一方面要加强对创新型双膜法的研究探索，使得生物膜技术不断向专业化和全面化发展。

三、紫外线消毒法

（一）城市再生水处理中的常见消毒方法及紫外线消毒机理

在当前的城市再生水处理消毒工艺中，物理消毒方法和化学消毒方法是两种主要的消毒方法，首先，物理消毒方法主要是采用紫外线、超声波、热等方法达到破坏细菌洗白的核酸或蛋白质的目的，正是由于将细菌蛋白质进行了一定程度的损伤，使其凝聚或者变性，使得再生水中的微生物难以正常繁殖和生产，从而最终达到了消毒的目的。除了物理方法外，化学方法中也是再生水消毒处理的常用方法，其主要通过二氧化氯、臭氧、氯氨以及次氯酸钠等氧化剂达到将细菌微生物的细胞、核酸受损的目的，从而达到消毒的最终目的。城市再生水处理中应用的紫外线消毒原理主要是通过对细菌微生物中的 RNA 和 DNA 内含氮的胸腺嘌呤等杂环物质进行改变，从而在相邻的核苷之间产生新键，继而形成二聚物，在这种情况下，细菌微生物便不能够进行自我繁殖和生长，也达到了消毒的目的。实践证明，紫外线消毒工艺与次氯酸钠等化学消毒方法相比，在运营成本、物质和消毒副产物残留等方面有着更加突出的优势，而且杀菌效率高，波长在 200 ～ 295 nm 的紫外线有着更好的杀毒效果。

此外，紫外线消毒技术的消毒效果比较容易受到污水浊度的影响，在具体消毒过程中需要弓胞足够的重视，这是因为，一旦污水的浊度较高，就会将紫外线的穿透能力大打折扣。还需要注意的是，紫外线消毒技术在长效灭菌方面还有所欠缺，在污水消毒之后，如果见光也可能会带来微生物见光复活的现象，因此，在实践应用中，可以考虑与其他消毒工艺联合使用。比如，在当前很多城市景观环境的用水中，就采用了紫外线消毒技术与氯消毒结合的方法，从而满足了景观水体中不能含有对人体有害的化学物质和病毒微生物的目的，当然，其在城市杂用水的消毒中也有明显的效果。

（二）紫外线消毒工艺技术在城市再生水处理中的具体应用

1.紫外线消毒系统的设计与选择

对紫外线消毒系统的设计和选择主要依靠出水的水质进行设计的，而针对再生水紫外线消毒来说，色度、浊度、悬浮物浓度以及颗粒大小的分布是几个影响消毒效果比较关键的因素。根据《城镇污水处理厂污染物排放标准》（GB18918–2002）和《城市给排水紫外线消毒设备》（GB/T19837–2005），若达到一级A标的指标，紫外线的有效照射剂量应该在20 mJ/cm^2以上。这是因为，若要达到有效的消毒效果，污水中的微生物就需要吸收到足够剂量的紫外线照射量。因此，在对紫外线消毒系统进行设计时，应该详细考虑再生水处理项目的水质情况、水量的要求，按照系统能够达到的有效紫外线照射剂量来设计。

2.紫外线消毒系统的组成及说明

高强紫外灯配备全自动在线清洗系统几个关键组成部分分别为低压高强紫外灯管、机械加药化学清洗系统、自动化水位控制堰门、紫外线照射强度监视系统、低水位传感器、液压中心以及配电和系统控制中心等部分。各部分在再生水处理中均发挥了不同的作用，比如，机械加药化学清洗系统，主要通过安装的消毒模块，达到高效、自动清洗的目的。如果水量过少造成了水位过低时，便可以通过低水位传感器将水位信息上传，从而将紫外灯管断电，保护灯管不会受到损害。此外，在系统的控制中心还设置有显示屏，可以将完整的操作界面在显示屏上进行显示，以达到远程监控的目的。

3.紫外线消毒系统的运维注意事项及评价

和其他再生水处理中应用的消毒工艺系统相比，紫外线消毒系统的安装、运行及维护更为简便。不过，需要注意的是，紫外线灯管在没有水的情况下，不可长时间点亮，以免受到损坏，当然，自动清洗系统也需要有水的润滑作用，在整个系统的运行过程中，务必采取必要的防护措施，尤其要保护操作人员的眼睛，保障整个操作都按照规范和要求执行。当系统稳定运行后，初始检测的水质并不太理想，经过仔细分析是由于工艺不稳定所致，造成了悬浮大颗粒内部不能够受到足够的紫外线照射，因此，又针对性地进行了改进，也使得水质达到了相应的标准，从而达到了设计要求。

可见，将紫外线消毒系统应用到城市再生水处理之中具有明显的技术性、经济性和社会效益，在技术性和经济性方面来说，将紫外线消毒加入再生水处理中，能够有效降低氯消毒工艺的需氯量，继而降低整个系统的运行成本，尤其在无人值守的小型再生水站，其效果更加明显。同时，将紫外线消毒工艺和化学消毒方法相比，整个系统更加安全，处理后的水资源不会对人体健康带来伤害。

四、再生水深度处理技术

再生水深度处理技术的研究起始于工业废水深度处理，而后在市政再生水应用中逐步得到推广，其处理的主要对象为污水处理厂二级出水中的总氮（简称 TN）、总磷（简称 TP）和 COD。

（一）混凝沉淀深度除磷工艺

混凝是常规再生水深度处理技术，常与高效澄清池联用，是去除再生水中 TP 的最有效方式。其原理是通过外加混凝剂改变胶体颗粒表面特性，使分散的胶体颗粒聚集形成大颗粒沉淀完成对污水的处理。综合考虑药剂成本、基建成本和占地面积的情况下，混凝剂投加位置不同，可分为同步混凝、前置混凝和后置混凝。混凝沉淀深度处理的研究普遍关注了药剂的选择。张华等研究发现，在混凝剂投加量为 20 mg/L 时，聚合硫酸铁（PFS）、三氯化铁、硫酸铝（砷）和聚合氯化铝（PAC）对浊度的去除率分别为 34.2%、57%、76.9% 和 82.4%，确定最佳混凝剂为 PAC。陈义等研究了不同配比的混凝剂 PAC 和 AS 对王小郢污水处理厂二沉池出水中磷的去除效果，确定 PAC30%+AS70% 为最佳配比，并依据最优配比确定了不同进水 TP 浓度下的最佳投药量。刘海燕等采用混凝沉淀工艺对城市污水处理厂二级出水进行再生水处理试验，混凝剂为 AS，投加量为 30mg/L，结果表明混凝沉淀对重铬酸盐指数（简称 COD_{Cr}）、TP、浊度都有一定的去除效果，平均去除率分别为 20.2%、39.3% 和 18.7%。污水厂在进行药剂选择时，可开展混凝实验，以确定药剂选型。混凝沉淀工艺的投资主要集中在药剂费用上，受制于 PAC 价格的持续飙升，混凝技术的应用得到限制。

近年来，随着新型无机和有机高分子混凝剂的不断研发，混凝效果愈佳而成本逐渐降低，这一优势使得其成为最具前景的技术之一。当前混凝技术朝着新型高分子混凝剂研发和高效工艺组合 2 个方向发展。无机－有机高分子复合混凝剂具有广阔的应用前景，但有机高分子引入后会对无机混凝剂的电荷特性和结构形貌产生一定影响，因此还需深入研究。新型混凝技术虽然表现出较好的处理效果，但大多数研究仍处于实验室或中试阶段，还未进行大范围的应用，处理成本的降低将成为组合技术一大强有力的助推力。

（二）膜分离深度除盐工艺

膜分离技术在近 10 年内得到长足发展，是继传统工艺之后另一项具有广阔应用前景的新型工艺。其原理是利用滤膜对大分子物质的截留作用，在压力差作用下，使小分子物质和溶剂通过膜，而大分子被截留，达到物质分离的目的。该工艺可直接去除一切病毒、细菌等微生物，也可去除水中的部分无机盐离子，在污水处理中广泛应用于高盐水的处理和对水质要求较高的再生水中。根据膜孔径的大小，膜工艺分为微滤、超滤、纳滤和反渗透，考虑到污水处理效果，通常选用超滤或膜孔径更小者。

膜分离技术对有机及无机污染物均具有较好的脱除效果，其占地面积小，处理后水质效果好，已在一些再生水厂中得到推广应用。汤颖等在常州市某生活污水厂开展“超滤—反渗透”双膜法中试实验，对电导率、COD、铵态氮 $NH4^{+}$–N、TN、TP 的去除率分别为 95.69%、79.41%、63.33%、89.56% 和 93.07%。马同宇等针对盐碱地区污水处理厂出水中含盐量高的特点，对膜工艺进行升级改造，以反渗透技术作为除盐工艺，并选用连续膜过滤技术作为预处理，对溶解性总固体（TDS）的月均去除率在 97% 以上，出水 COD、TP、$NH4^{+}$–N、TN 分别降至 4 mg/L、0.009 mg/L、0.25 mg/L、1.97 mg/L。江苏某高新区再生水厂采用反渗透深度处理技术，出水 COD、SS、TP、TN 和 $NH4^{+}$–N 分别降至 5.9 mg/L、0.1 mg/L、0.05 mg/L、1.1 mg/L 和 0.8mg/L。[20]

膜分离技术前景可期，但它毕竟处于上升阶段，仍存在一些问题有待解决，膜污染是制约膜工艺发展的一个关键性问题。膜污染是由于在过滤过程中，溶液中的微粒、胶团和分子物质在膜内、外表面吸附和堆积，使膜孔径变小或堵塞，进而降低膜的通透性。目前工程上采用的污染控制方式主要有 3 类：

预处理。通过混凝、吸附、氧化等手段，降低污水中的有机物，进而延长膜的运行时间。

膜清洗。根据操作和清洗膜的环境不同，可分为物理清洗和化学清洗，在实际操作中由于膜通量很难通过物理清洗得到实现，因此常选择化学清洗。

改性膜。亲水性膜的抗污染性能较好，改性膜即通过对原有膜材料进行物理化学处理，提高膜的亲水性能以提高膜表面抗污染性能。

膜污染控制已取得一定进展并在水厂得到应用。北方某水厂采用离线式化学清洗工艺，先用 0.5% 氢氧化钠 +500mg/L 次氯酸钠的碱液浸泡 24h，然后用 2% 柠檬酸进行酸洗，均辅以曝气，最后冲洗掉残余药剂，每年进行 2 次化学清洗 [15]。He 等研究发现，将 pH 值调节至 6.5 的两阶段混凝剂投加（高速混合和中速混合时分别投加）可以缓解膜污染，同时显著降低 pH 值调节时的化学消耗。Guo 等研究了采用三乙醇胺（英文名 TEOA）对纳滤膜进行改性，确定 2%TEOA 改性膜为最优膜，并确定 0.5MPa、25℃、7cm/s 为最佳操作条件。曹阿坤指出，将膜浸入碱性多巴胺溶液中，多巴胺可以作为 1 个中间桥梁修饰无机纳米材料与有机膜本体，进行膜改性获得理想性能的膜。[29]

（三）反硝化滤池深度脱氮工艺

深床反硝化滤池是将生物脱氮结合深床过滤为一体的污水处理单元，是污水脱氮与过滤得较为先进的处理工艺。其净化机理是污水中的悬浮物（SS）通过截留吸附得到去除，COD 等被附着生长在填料层内的微生物降解。由于其占地面积小，脱氮除磷效果好，出水水质稳定，已被用于多座城镇污水处理厂的提标改造中。天津某污水处理厂采用反硝化深床滤池工艺进行提标改造，建成完成运行后，TN、TP、SS 和 COD 去除率分别为 50% ～ 79%、46% ～ 97%、73% ～ 96% 和 34% ～ 46%。苏州某污水处理厂采用反硝化生物滤池，进水 C/N 值≥ 3.5 时，可使 TN 降至 3 mg/L 以下，在 C/N 值 =5 时，TN 可降至 1 mg/L 左右，TN 平均去除率为 87.1%。黄潇将反硝化深床滤池作为深度处理工艺，进一步处理多级经 AO 处理的二级出水，研究了深度脱氮工艺的优化方式，发现甲醇更适合作为反硝化深床滤池的碳源，其最适 C/N 值为 3.0~4.0，最佳深床滤池空床停留时间（EBCT）为 0.25 h。赵楠等研究了工程运行条件下反硝化生物滤池的除磷效果，发现在进水溶解性总磷（SP）浓度为 0.1 ～ 0.5 mg/L 时，去除量与进水浓度大致呈线性关系，去除率约为 40%。

（四）人工湿地深度处理技术

人工湿地是一种由人工建设与控制运行的近似于沼泽地的生态系统，其去除污染物的范围较为广泛，包括 COD、TN、TP 以及 SS，由于其低廉的投资、超高的水质净化效果在国内得到广泛应用。其净化机理是污水在填料床内流动时，通过微生物、水生植物等多种生物的物理、化学、生物三重协同作用，实现污染物的降解 [16]。人工湿地成本低廉，是经济相对落后地区可以采用的污水深度处理工艺，处理效果好，但由于植物生长的温度不宜低于 5℃，因而人工湿地适用地区受限。

传统人工湿地主要用于排泄物冲水、洗涤水的处理，而后推广到市政污水的处理。山西太原某污水处理厂构建 3 床并联水平潜流人工湿地，对 COD 的去除效果基本稳定在 60% 左右，对 TP 的去除效率在 70% ～ 80% 之间，对 TN 的去除率稳定在 50% 左右。长沙洋湖人工湿地采用“植物塘 + 湿地单元”深度处理系统，其一大亮点在于表流和潜流可以相互转化，避免冬季植物存活率低以致处理效果下降的现象，出水 COD、SS、TN 和 TP 去除率分别在 50% ～ 65%、30% ～ 70%、15% ～ 20% 和 40% ～ 50% 之间。天津市华明示范小城镇采用人工湿地污水处理工艺，设计 COD_Cr、$NH4^+$–N、TP 去除率分别为 95%、83%、86%，可用于周边人工湖的补水。成都某中水回用工程参考生物滤池原理改进人工湿地，降低滤池高度并在表面种植挺水植物，从而从上到下依次形成好、缺、厌氧环境，COD_Cr、$NH4^+$–N、TP 的平均出水浓度分别为 14.61mg/L、0.80mg/L 和 0.07mg/L，同时将湿地与景观结合，开发成湿地公园，实现了人与水和谐共生。

（五）高级氧化深度处理技术

再生水的使用促进了微量有机污染物（英文名除微量有机污染物）向生态环境和人体的转移，导致生物毒性、威胁人体健康，而高级氧化技术则是去除微量有机污染物的重要手段。高级氧化法主要利用具有强氧化能力的羟基自由基，在高温高压、催化剂等反应条件下，将大分子难降解有机物氧化为无毒或低毒的小分子物质。根据产生自由基的方式不同，可分为光化学氧化、声化学氧化、臭氧氧化和电化学氧化等，目前在再生水厂中应用较广的是臭氧氧化技术。臭氧与有机物之间的反应通常包括两种：一是臭氧分子直接与有机物之间发生反应；二是臭氧在水溶液中分解产生各种活性自由基，间接氧化水中有机物。

已有多位学者对臭氧去除除微量有机污染物开展了研究。夏鑫慧[17]研究了臭氧氧化工艺对微量有毒类优控污染物的去除效果，结果表明在臭氧投加量为 2.5 mg/L 时，磺胺甲恶唑、布洛芬、苯并 [a] 蒽、蒽基本完全去除，且通过提高臭氧投加量可以达到较好的降解效果。陈子扬研究了臭氧氧化技术对消毒副产物三卤甲烷（英文名 THMs）生成的影响，发现臭氧处理有利于减少再生水消毒过程中三卤甲烷的生成，在 pH=7 时，O3/C=0.6 为最优的臭氧投加量。林文琪等研究了臭氧氧化技术对生物稳定性的影响，发现臭氧氧化可使水中大分子有机物转化为可被生物利用的小分子有机物，使水中生物可同化有机碳（AOC）水平升高 70% ～ 770%，导致生物稳定性降低。

综上所述，臭氧氧化对除微量有机污染物有较好的去除效果，同时有利于减少三卤甲烷的生成，但也存在生物稳定性降低的问题，需后续进一步处理。

（六）组合技术

混凝沉淀技术由于药剂成本昂贵，与其他工艺组合进而降低混凝剂投加量成为技术发展方向；膜工艺存在膜污染的问题，可通过前置混凝或高级氧化等预处理手段延缓膜污染的发生；高级氧化技术也常用作其他深度处理技术的预处理手段。人工湿地虽然可以有效进行污水处理，但其也存在处理效率低、占地面积大、无法适应排水量过大的污水处理需求等缺点，在大规模污水处理系统中，可作为其他污水处理工艺的三级搭配技术。对此，组合工艺由于其节能降耗、污染物去除率高的优势，在深度处理技术中得到广泛应用。混凝组合技术的研究集中在预处理强化混凝效果和后续处理进一步降低污染物浓度两方面。高健磊等研究了磁混凝 –UV/O3 联合工艺对废水深度处理的效果，发现投加磁粉可有效减少颗粒之间的平均间隙，增强布朗运动，在静电吸引力和范德瓦尔斯力（分子间作用力）作用下促进絮体团聚，同时磁粉也可作为吸附核心，通过电中和与络合反应吸附絮体颗粒。杨旭发现将芬顿（Fenton）氧化作为混凝的后续处理时，COD 处理效果显著，且芬顿（Fenton）试剂配比为 H_2O_2 : Fe^{2+}=50 : 1 时，效果最佳。吴涛研究发现，混凝与超滤组合工艺出水浊度< 0.2NTU，COD 约为 36 mg/L、总磷≤ 0.5 mg/L，对大肠杆菌和粪大肠杆菌去除率达 3.7 log 以上，处理后的出水可以达到城市污水再生利用景观环境用水水质标准的要求。

反硝化滤池组合工艺的研究集中在滤料的选择和有机物的深度去除上，臭氧组合工艺则对生物稳定性提出了更高要求。吴禹研究了反硝化滤池＋臭氧＋生物滤池组合工艺对污染物的去除效果，中试系统对 COD、$NH4^{+}$–N、$NO3^{-}$–N 和 TN 的去除率分别为 49.2%、26.2%、63.8%、63.5%，达到《地表水环境质量标准》（GB3838–2002）Ⅲ类标准。戚菲菲研究了混凝沉淀＋臭氧＋复合滤料过滤组合工艺对再生水的处理效果，出水高锰酸钾指数（CODMn）、$NH4^{+}$–N 和 $NO2^{-}$–N 分别降至 3.1 mg/L、0.37 mg/L、0.14 mg/L。魏泽文研究了臭氧 / 陶瓷膜 – 生物活性炭对微污染水的处理效果，工艺出水微量有机污染物和氨氮浓度分别低于 20 mg/L、0.2 mg/L，去除率为 50% ～ 80% 和高于 80%，基本满足再生水水质要求。

人工湿地组合工艺则考虑多流态湿地系统对污染物的去除效果。北京某再生水厂深度处理技术采用“超滤＋水平潜流人工湿地＋上升流人工湿地”，COD、BOD5、TN、$NH4^{+}$–N 和 TP 的去除率分别为 47.3%、60.8%、58.5%、68.8% 和 57.1%，达到景观回用水要求。天津临港经济区生态湿地公园采用“调节塘＋潜流人工湿地＋表面流人工湿地＋生态景观湖＋生物栅”对污水处理厂出水进行深度处理，出水 COD 和 $NH4^{+}$–N 指标分别为 36 mg/L、2.3 mg/L，出水全部用于景观水。

第五章　市政污水处理技术研究

第一节　市政污水处理厂污泥的处置与利用

一、市政污水厂污泥处理现状

目前市政污水、污泥处理工作中的最大问题就是其处理设备的不完善。首先，现阶段污水处理厂中使用的处理设施大多并未涵盖污泥处理功能，同时大多数污水处理厂只重视污水的处理，并不会过多关注污泥的处理，因此在进行工厂运营预算的时候负责人大多会忽略污泥处理方面的支出，导致在处理污泥时需要占用一部分污水处理的预算费用。其次，市政在污泥处理方面选择盲目堆积污泥的这个处理方法也不太恰当。由于处理厂设备限制，导致污泥并未得到很好的资源化处理，这不仅使其中很多有利资源白白地浪费掉，还会导致环境的二次污染。最后，由于对污泥处理工作的忽视，导致可接收处理污水和污泥的处理厂数量不足，而这也影响着市政污水、污泥的处理。

（一）污泥概述

1. 污泥的基本概念及特点

市政污泥通常指城市污水处理厂在处理污水过程中产生的固液混合的絮状物质，由泥沙、纤维、微生物、寄生虫等复杂物质组成，主要来源于初次沉淀池、二次沉淀池等工艺环节。给水厂、通沟、水体疏浚也都会产生污泥。但是，城市污水处理厂产生的污泥量最为巨大，污泥产量约为处理污水量的0.3%~0.5%（以含水率97%计），且对环境的危害最为严重。通常说的市政污泥处理主要指城镇污泥的处理和处置。污泥的性质与很多因素有关，如污泥的形状、粒径、组成物质、密度、表面电荷情况等。市政污泥具有以下特点：形状不规则，结构松散，外观具有类似绒毛状、网状结构；颗粒细小，导致污泥含水率通常较高，可达 95% 以上，故很难通过沉降法进行固液分离；污泥孔隙率非常发达，比表面积极大，分别可达 99%、20~100 cm^2/mL；污泥表面具有胞外聚合物（Extracellular Polymeric Substances，EPS），其可以吸附胶体粒子，可改变污泥表面的带电情况；污泥中含有大量难降解，难去除的重金属、有毒有害物质，经过传播，若被人体接触，将会引起疾病。

2. 污泥的产置及危害

污泥的产置。近年来，我国经济发展迅猛，人们生活水平的显著提高，随之而来的是产生越来越多的污水排放。由此，在污水处理过程中，产生的污泥量也越来越大。对其进行合理、环保的处理成了一项不能忽视的问题。王磊研究了污泥产率的影响因素，发现污泥产率不但与水温、季节有关，还与有机物含量呈正相关；段伟伟等人通过研究发现，在污水处理厂内通过生物作用对污泥进行减量是一种理想的发展方向。

污泥的危害。污泥来源途径广泛，产量巨大，所含污染物种类丰富，对环境安全、动植物生长以及人们的身体健康等都具有很大的威胁[19]。

含盐量高。过高的含盐量不仅会导致土壤电导率大幅提升，还会阻碍植物对养分的有效汲取，严重的话会损伤植物根系。另外，离子间所产生的拮抗作用也会使得养分淋失速度进一步加快。LeimenF 在其论文中介绍到德国某矿场垃圾场含盐量很高，对土壤和水源安全有很大的威胁，并提出保护环境的有效措施是用适当的矿物质覆盖垃圾场，以防止盐水渗入近地表水。

病原体种类多。从污染废水中进入到污泥中的病原体，种类多达上千种，其中就包括对人体有很大危害的寄生虫，其可以通过多种途径对人体产生影响，如直接接触，或通过食物链传播、水源传播等。

氮磷超标。若在一些土质较疏松的地区施用含氮磷的污泥后，随着雨水汇集，氮磷会随之流入地下或河流，引起水体富营养化，影响动植物的正常生长。

重金属含量高。由于吸附、沉淀等水处理工艺，重金属被转移到污泥中，如镉、铜等，大多来源于一些工业废水。这些元素性质稳定，去除难度较大，会随着时间的推移积累在污泥中，潜在危害很大，这是限制污泥重新利用的重要因素之一。郭广慧等人研究了我国不同地区污泥中重金属分布情况，发现华南地区铜含量较多，华东地区镉含量较多，不同地区差异较明显[18]。污泥的产量之大，危害之深，让我们无法忽视这一问题，所以亟须一种高效、经济、合理的处置手段对其进行有效处理。

（二）污水污泥的产生

由于城镇化快速发展导致的污水排放量骤增，目前水环境的质量大不如前，因此推进污水减排的任务刻不容缓。应“十二五”环境新要求，有关部门需要合理的提高城镇污水排放标准，通过政策的限制减少污泥排放量，以改善现今不堪重负的水环境。由于城市化进程的加快，污水处理量远不及污水的生产量，虽然污水处理可以很好地解决大部分城市污水处理问题，但是由于供不应求而阻碍了社会经济的发展。同时因为部分污水处理厂设备老化严重，导致排出的尾水不仅无法达到污水排放标准，还加速了水环境的恶化。随着科技的发展，一些城市和地区已经具备成熟的污水处理技术，但是对于污水处理中产生的剩余污泥没有很好的处理方式。且有大部分的污水处理厂由于技术限制，只能选择模仿生活垃圾的处理方式而直接将污泥倾倒在固定地点，或者选择将其填埋。这不仅会对环境造成二次污染，还可能会因污染物的转移而对人类的健康产生影响。因此，对于污泥有效处理和利用的研究是非常有必要的。

（三）市政污水污泥处理可持续发展的对策

由于目前市政污泥的处理工艺尚不成熟，同时处理设备产能缺口过大，因此市政部门应该选择性学习其他先进的技术，同时积极引进先进的设备以确保硬件可以达到处理标准。而且，在污水处理工程中应该考虑到高效性，考虑多种工艺共同发展，使污水处理的结果更加理想。

由于污水处理率的高低对环境会产生一定的影响，所以有关部门应该提高对市政污水处理厂建设的重视，对于其工作应该予以高度的支持和配合。同时，政府也应该加大对污水处理厂的监管程度，以确保其污水转化率可以达到标准，也使其工作可以一直处于正轨。

各个地区应该结合自身实际，制定出适合本地区发展的污水污泥处理计划。在计划实行期间，相关人员应该突出工作重点，坚持理论结合实际，牢记工作目标，从而保证处理工作可以高效、顺利地完成。

为了有效提高污水污泥处理厂对于污泥处理的积极性，有关部门应该选择性地给出一定的优惠政策，如财政补贴、减少税收、降低处理厂的电费等。同时还可以通过对处理厂的部分处理过程给出指导性建议，以完善其处理环节并提高其处理的效率。

有关部门可以将污泥的处理预算与污水的处理预算合并，即加大污水的处理预算。这样不仅可以省去中间很多环节以提高有关部门的工作效率，还可以增加预算的精确性，保证污泥处理工作的经费充足。同时，有关部门需要加强对污水污泥处理的收费标准的监管，严防乱收费现象的出现，对钱款的来源和去向进行详细的记录，以确保资金链足够的透明化。

有关部门应该给出一个统一标准的污水污泥评价体系和检测标准，以确保污水污泥处理工作的科学性。通过定期抽查污泥处理情况并对其进行评估、制定污泥处理标准、严格限制污泥的填埋和焚烧等行为、严格控制处理后的污泥中重金属污染物的含量等措施。这样不仅可以提高处理厂对于污泥的处理标准，还可以对生态系统的稳定起到一定的促进作用。

由于地区不同污泥的成分含量可能有差异，所以开展有关合理利用污泥、加大其资源化的科学研究是有必要的。目前已有的污泥资源化大致有以下几种：一是通过将污泥进行堆肥处理，使其转化为有机肥料。二是通过添加一定的微生物，使污泥进行生物发酵，增加其泥质中的营养成分，使其成为复合型肥料。处理后的污泥将其直接与土壤混合以改良沙化土壤等情况。

为了提高民众对于污泥处理的认知程度，有关部门可以加大宣传力度，同时可以向有关处理厂宣传先进的处理技术，以及推广污泥资源化的发展。这样不仅可以有效地扩大污泥处理技术的使用范围，还可以通过工厂、工人的广泛参与而形成一定的良性循环。

二、低温干化工艺

（一）低温干化机工艺原理

湿污泥蒸发的回风（温度 60℃）循环至回热器，60℃回风和 35℃七送风在回热器进行热交换。回热器回风和送风可以无损耗降温、升温 5～8℃，达到节能效果，回风降温至 55℃。然后，利用 33℃冷却水对回风继续降温，使得回风中水分得以冷凝排出。冷却水从 33℃升温至 45℃。45℃冷却水循环至天然气吸收式热泵降温至 39℃，再通过冷却塔降温至 33°　CO 热泵消耗电能，吸收 45℃冷却水降温至 39℃释放的热量。随后产生 90℃热水对除湿后的冷干空气继续加热，循环至干燥室内。90℃热水变成 70℃热水后，再循环至热泵加热。整个烘干过程是密闭式循环，热泵在消耗电能的同时可回收 45℃冷却水降温至 39℃释放的热量，从而让整个系统节省热能 20% ～ 50%。

（二）设备工艺特点

带式低温干化机分为分配装置与成型装置。分配装置用于将污泥平均分配在干化带的宽度方向，成型装置为对辐式造面条装置。对辐两端的铜梳可以将污泥造成直径 3 ～ 6 mm 的细面条状，从而增大污泥的比表面积，降低热风穿过污泥层时的阻力损失，良好的布料效果可加快烘干速度，增加脱水能力，从而保证系统的稳定运行。

高能效，低运行费用。带式低温干化机代表污泥干化减量的最新技术应用趋势，彻底解决传统干化工艺的技术缺陷（能耗高、效率低、臭气排放、高温扬尘等），实现无热损密闭工作，无臭气排放，低温安全无扬尘，干泥（DS）含水率可低于 10%，它适用于污泥无害化减量处置。带式低温干化机极大地降低碳排放，减少运行费用。它采用低温余热回收技术，密闭式干化无废热排放。

安全环保，无臭气排放。污泥低温干化过程中，硫化氢、氨气析出量少，系统运行安全，无爆炸隐患，不需要冲氮保护，氧气含量小于 12%。污泥静态摊放，颗粒温度小于 70°C，与接触面没有机械静电摩擦；粉尘浓度小于 60g/m^3，干料为颗粒状，没有粉尘危险叫出料温度低于 50%，不需要冷却处理，直接存储或外运；干化系统中，最高烘干温度不超过 85℃（循环风温度），硫化氢与氨气析出量大幅度减少；污泥干化过程只排放冷凝水，冷凝水 COD 浓度低。污泥干化析出的冷凝水容易处理，直接排放至污水处理工段，减少废水（冷凝水）的处理成本。带式低温干化机引入低温余热回收技术，采用密闭干化模式，无废气排放。烘干设备完全密封，微正压下连续运行。为检修方便，湿泥料仓、干泥料仓设置检修门，湿泥进料、干泥出料可能有少量臭气挥发到空气中。为确保干化车间臭气达标，要先对上述区域进行隔离换风，后进行除臭处理，从而大大降低除臭风量。

高效稳定化智能化控制，全自动运行。带式低温干化机可直接将污泥干化，不需要分段处置，其含水率从 80% 降低至 10%；污泥体积可以减少 67%，污泥质量可以减少 80%，大大节约运输成本；污泥干化过程可有效杀灭细菌。带式低温干化机基本实现全自动运行，现场 1 人值守即可，可节约大量人工成本。设备配有中控系统及现场控制系统，可实现远程传输及集中控制。出料含水率可以根据需要直接调节，使其保持在 10% ～ 50%。

占地面积小，使用寿命长。带式低温干化机占地面积小，土建基础简单，设备安装方便，调试简单，周期短。它采用不锈钢等耐腐材料，换热器采用 316 L 不锈钢，使用寿命长；运行过程无机械磨损，使用寿命大于 10 年；无易损易耗件，使用管理方便。

三、剩余污泥破解技术

为了实现剩余污泥中碳源释放的目标，需要对污泥进行预处理，预处理中破壁、溶解两个过程能使微生物体内的有机物和氮、磷等物质溶出，从而将污泥中的大量大分子有机质释放出来，提升污泥的降解性能，并提高污泥利用率。目前污泥破解技术有很多，主要可以分为物理法、化学法、生物法和联合法。

（一）物理法

物理法主要包括加热法、微波热水解法和超声波法。这些技术主要原理是采用机械手段迫使污泥中的有机质释放，实现污泥破解的目的。

1. 加热法

通过加热的方式使污泥温度升高，加快污泥的水解速率及水解程度，污泥中的微生物细胞因受热膨胀而破裂，释放出蛋白质和脂肪等微生物机体基本组成物质，迫使蛋白质变性，脂肪溶解产生小孔促进细胞内含物流出，同时，采用此法也能改变污泥的脱水性。Lise 等研究了低温热预处理对污泥溶解的影响，研究发现热处理过程能促进污泥有机和无机组分的溶解。Wang 等采用加热水解处理法研究了剩余污泥的脱水性，发现热水解能通过降低相邻水和固体颗粒之间的结合强度，使表面水转化为间隙水和游离水，在温度高于 180℃时，自由水成为污泥中水分存在的主要形式；水热处理使污泥絮体尺寸显著减小，但处理后的污泥硬度较高，不但强化了水热污泥的网络，而且破坏了 EPS 与水的结合。Prorot 等研究了热处理对活性污泥的影响，研究结果发现在最高温度（95℃）下，COD、蛋白质、HLS 和多糖的溶出率分别达到 12.4 ± 1.3%、18.6 ± 1.8%、9.6 ± 1% 和 7.4 ± 1.9%；当温度从 50℃升高到 95℃时，热处理会引起细胞的渐进性裂解。但是本方法存在均匀加热较困难，污泥絮凝性能差等缺点。[25]

2. 微波热水解法

微波是一种频率为 0.3–300 GHz 的电磁波，能够穿透几十厘米深度的介质，快速均匀地为物质进行加热。微波的这种热效应可以使生物细胞壁破裂，从而提高污泥可生化性和消化效率。Sofie 等采用微波处理对污泥溶解和半连续厌氧消化进行研究，发现微波处理在 COD 溶解方面最有效，微波预处理的平均沼气增量为 20%。Park 等采用微波对污泥破解效果及产物回用于厌氧工艺产甲烷影响的研究，发现微波不仅能破坏微生物细胞壁致使溶解性有机物增加，将产物回用厌氧消化工艺还能促进甲烷生成，并提高甲烷产率。综上，此法具有作用速度快，效率高，还能兼顾灭菌的优点，但是缺点是处理成本高。

3. 超声波法

超声波通常指的是频率在 15 kHz–10 MHz，是超出人耳听觉上限的声波。此法的作用原理为超声波会产生具有强氧化能力的羟基自由基，废水中的有机污染物通过与羟基自由基发生加合、取代、电子转移和断键等反应被降解。另外，超声波法还可通过产生湍流来提高溶液中的传质效率。在超声破解污泥过程中会发生搅拌震荡和破胞作用，即产生剧烈的机械作用和空化作用，把污泥絮体、菌胶团等迅速破坏掉，将难降解的、颗粒态 COD 转化为低分子的、易被生物降解的 COD。此技术能从源头上减少生物固体量，可以和其他破解技术联用。超声波破解污泥可大量释放生化降解的有机物，实现污泥的均质化。张博等研究了超声波破解前后污泥物理化学特性的变化，结果表明超声波破解污泥会使 SCOD、蛋白质和多糖的浓度增加。黄琼通过小实验对超声破解剩余污泥碳源条件进行了优化，结果表明污泥破解率和 SCOD 释放量随着超声时间的增加而升高；通过超声波破解污泥能改变污泥粒径，从而改善污泥脱水性能，并为后续的厌氧消化过程创造了条件。

Na 等以毛细管吸收时间（CST）及过滤比阻（SRF）为指标，探讨了超声处理污泥的脱水特性，结果表明超声波处理能加速污泥絮体或悬浮物的溶解并迫使 CST 和 SRF 显著降低。Ding 等将超声波处理后释放出的多种营养物质用于生物燃料的生产，结果表明利用超声波破解污泥，能使污泥中的营养物质释放，为后续产氢量的增加提供了条件，以预处理污泥为复合营养盐的制氢效率高于以标准营养盐为复合营养盐的制氢效率。Riau 等采用生化甲烷电位法研究了超声波技术对废活性污泥温度阶段厌氧消化的影响，研究发现未预处理的控制系统和有预处理的控制系统在温度阶段厌氧消化过程的整体性能没有显著差异，但高温阶段和中温阶段的性能有所不同。与温度阶段厌氧消化控制工艺相比，甲烷总产气量提高 50% 以上，挥发性固形物去除率提高13%。总之，超声破解技术因具有破解速度快、提取效果好、绿色环保、操作简单等特点而被广泛研究。

（二）化学法

化学法主要有臭氧破解、碱破解两种方法。这两种方法是通过向污泥液中加入化学物质，使之与其中的相关物质发生反应，以改变污泥结构，从而破坏微生物活性，进而达到释放有机物的目标。

1. 臭氧破解

臭氧是一种强氧化剂。臭氧的强氧化性可以将部分污泥矿化为二氧化碳和水，同时将一部分污泥破解为生物可降解性的物质。这样不仅能提高污泥上清液的COD和营养盐浓度、降低总生物量产量，还能实现微量有机污染物的去除。Zheng等采用两台生物反应器研究了臭氧污泥法污泥减量化过程中生物性能变化，结果表明与常规反应器相比，添加臭氧的污泥反应器对COD、TN去除效果好，对细胞破碎程度较高。Zhang等研究了臭氧氧化过程中上清液的变化并探讨了机理，研究发现臭氧能不同程度地促进溶解污泥上清液中SCOD、TN、TP、蛋白质、DNA溶出。Braguglia等比较了超声和臭氧处理对剩余污泥半连续消化性能的影响，结果表现为在4%破解度（2500kJ/kg TS）条件下，超声预处理可以有效地提高污泥的VS降解率（+19%）；相反，在臭氧剂量为0.05gO3/g TS（相当于2000kJ/kg TS）条件下，臭氧化污泥的消化实验没有显示出消化性能的显著改善，但通过投入翻倍的臭氧剂量，可以改善有机物的去除。

2. 碱破解

提高污泥厌氧发酵能力的关键是要打破污泥微生物细胞壁，加速水解阶段的进行。同其他方法一样，碱破解也是要打破这一限制，迫使破解后污泥中P、N和有机质等物质会大量溶出，从而增加破解液中有机物含量。碱破解污泥受诸多因素影响，如pH值和温度。

pH值是碱破解剩余污泥效果好坏的重要影响因素，pH值越高越能促进污泥有机质的释放，较高的pH值不仅能破坏污泥的絮体结构，还能在一定的温度下，对细胞壁和细胞膜上的蛋白质和脂多糖进行水解、皂化反应，破坏微生物细胞结构，使细胞内物质释放至细胞外环境。

许德超等考察了不同热碱条件下低有机质污泥破解情况，结果表明高pH值条件下污泥中有机磷和非磷灰石无机磷以磷酸盐的形式大量溶解，有效破解低有机质污泥。Shao等探讨了碱预处理对活性污泥厌氧消化的影响，研究表明与对照组（pH 值为 6.8）相比，在 pH 值为 9–11 条件下处理，总悬浮物（TSS）和挥发性悬浮物（VSS）的减少量分别增加了 10.7%—13.1% 和 6.5%—12.8%，且沼气产量则有所改善，增长了 7.2%—15.4%。

温度在碱性环境中对污泥的水解有很大影响。黄聪等采用酸、碱预处理方法对污泥进行破解处理，主要进行单因素实验，考查实验温度的影响，实验表明活性污泥在碱的作用下，破解效果与温度成正相关，温度越高，有机质的释放量也越大，此外，在 120 min 之前溶胞效果非常明显，120 min 之后才处于稳定状态。碱破解污泥后能促进相关物质溶出，将溶出后的产物加以利用，能实现物质资源化。Pellera 等采用碱预处理对褐色污泥厌氧消化的影响进行研究，发现氢氧化钙预处理对褐色污泥溶解性和生物降解性的提高具有促进作用，对后续厌氧过程产甲烷的量也有影响。

Gao 等采用碱性发酵与 A^2/O 工艺相结合形成中试系统实现污泥减量化的方法，结果表明污泥水解率为 38.2%，最终酸转化为挥发性脂肪酸（英文名 VFAs）的占 19.7%，还原率高达 42.1%；另外，TN 和 TP 的去除率分别达到 80.1% 和 90.0%，可以实现污泥减量。Li 等利用碱解处理后，进行污泥厌氧消化研究，研究结果表明碱处理能显著提高污泥中可溶性有机物、挥发性脂肪酸和多糖的含量，且后续厌氧甲烷产量提高了 33%。Made 等采用石灰对污泥进行化学处理以增强 COD 的增溶作用，而后对有机部分进行厌氧消化研究，结果发现 COD 增溶的最佳条件为 62.0meq/L，时间为 6h，在此条件下，COD 的增溶率为 11.5%；经有机部分进行厌氧消化实验，发现厌氧消化产甲烷量最高为 $0.15m^3/kg$ 挥发性固形物（VS），为对照的 172.0%，在此条件下，可溶性 COD 和 VS 的去除率分别为 93.0% 和 94.0%。

3. 生物法

生物法主要是利用酶制剂（如溶菌酶）或可分泌胞外酶的细菌（如嗜热菌）对污泥中微生物细胞壁的水解作用，使微生物细胞壁破裂、胞内物质溶出，同时催化多糖、蛋白质、脂类等大分子有机物分解转化为更易生物降解的小分子有机物质。Zheng 等研究了 α – 淀粉酶和中性蛋白酶两种酶制剂对剩余污泥水解的影响，结果表明淀粉酶的水解效率高于蛋白酶，当酶用量为 6%（w/w）时，蛋白酶和淀粉酶的 VSS 分别降低 39.70% 和 54.24%。

Guo 等利用嗜热菌对污泥进行生物降解研究，研究表明嗜热菌作用 12h 后，VSS 的还原率达到 32.8%；SCOD、蛋白质和碳水化合物的含量分别提高了 20.2%、16.8% 和 15.9%，说明嗜热菌产生的嗜热酶能有效破坏污泥中的微生物细胞壁，将微生物细胞中的蛋白质、碳水化合物等营养物质释放并转化为可溶形式。

因物理法存在能耗较大等问题，进行大范围的应用比较困难；化学法存在投加药剂量大且投加量不好控制的问题易对设备产生影响；生物法存在难获取等问题，这些问题限制了在实际生产过程中的应用。因此，为了增强单一方法的技术可行性，节约处理成本，需要进一步增强污泥破解效果，将单一方法进行有机联合，该联合法具有更广阔的应用前景。

1. 热碱法

采用此法破解污泥的原理在于当温度达到某限定值时，微生物细胞膜的通透性变大，这有利于细胞内以蛋白质、多糖为主的有机物质转移到液相中成为可溶性有机物，剩余污泥中大量有机物质溶解至液相，污泥絮体在系统内在氢氧根（OH-）的作用下被破坏，一些蛋白质及 DNA 发生水解；碱可以削弱微生物细胞壁对高温的抵抗力，使细胞在受热时更容易破碎，从而释放有机物，因此，热碱法会改变污泥的脱水性能。在此过程中，热和碱两个因素的共同作用加速了污泥细胞内物质的释放，是对单因素破解污泥效果的助推与强化。Kim 等采用热碱联合方法破解活性污泥并考察氮、磷释放效果，研究发现热碱联合破解污泥能有效促进 TN、TP 及 SCOD 的释放，且其释放速率受氮氧化钙浓度的影响。

Na 等通过热碱诱导污泥破解实验，实验结果表明在 pH 值分别为 10 和 13 条件下，辅以热处理可分别迫使污泥降低 44% 和 78%，此外，在 pH=13 的碱性热处理不仅能增加细胞内组分的数量，还能显著地提升细胞破坏能力。

Oh 等研究了热碱联合处理法对微生物燃料电池发电量的影响，研究结果表明热碱联合法（控制氮氧化钙为 0.04N，温度为 120℃，作用时间为 1h）一级污泥、二级剩余污泥、厌氧消化污泥样品微生物电池发电最大功率密度为 10.03mW/m^2、5.21mW/m^2 和 12.53mW/m^2，同时，SCOD 去除效率分别为 83%、75% 和 74%。

2. 超声协同热处理法

在污泥消化前采用超声波和热处理技术可以破坏活性污泥絮体结构，将胞外和胞内的高分子物质转移至可溶性相，同时溶解颗粒有机物。Antoine 等研究了超声波与热处理相结合的污泥处理技术，研究发现 SCOD、可溶性蛋白质和碳水化合物分别从 760 mg/L 增加到 10200 mg/L、从 110 mg/L 增加到 2900 mg/L 和从 60 mg/L 增加到 630 mg/L，与单独使用的热处理和超声处理相比，显著改善了污泥质量。Sahinkaya 等对比研究了超声处理、热化处理和超声热化处理对污泥破解效率的影响，研究发现这些方法的破解效率依次为：超声热化 > 超声处理 > 热化。

3. 超声波与碱协同作用

CHIU 等研究表明，超声和碱的联合效果明显高于单独超声或碱解预处理，其原因是此法使得超声波短时间内释放胞内有机质的优势与碱解促进胞内有机质水解的优势相结合，故而使得二者联合处理对污泥破解效果较单独处理有显著提高。Tian 等采用碱和超声联合处理方法对增溶产物进行分析，结果表明分子量约为 5.6 kDa 的有机物在超声和碱协同作用下被充分溶解（SCOD 由 1200 mg/L 增加到 11000 mg/L），采用超声和碱协同处理比未处理污泥的可生化性更好（提高 37.8%）。Vinay 等采用碱强化微波（MW；50–75 ℃）和超声波（0.75 w/mL，15–60 min）处理，研究这两种处理方法对活性污泥溶解效果的影响，结果发现仅用微波（175℃时）处理时，TCOD 和 VSS 溶解率的提高仅限于 33% 和 39%；碱耦合微波（pH=12，175 ℃）处理时，TCOD 和 VSS 溶解率分别为 78% 和 66%；超声协同碱（pH=12，60 min）处理时，TCOD 和 VSS 溶解率分别为 66% 和 49%。通过与对照组和超声 60min 反应器相比，超声协同碱预处理污泥的产气量分别提高了 47% 和 20%，碱耦合微波处理污泥产气量仅比对照高 6.3%，但比微波反应器的产气量低 8.3%，由此可知，超声与碱的协同作用效果较其他方法更佳。Kim 等考察了碱和超声波处理对污泥破解的影响，研究发现采用超声协同碱处理的增溶效果（70%）比单独处理（仅为 50%）效果更好。

四、污泥好氧堆肥应用

（一）污泥好氧堆肥及其应用现状

1. 污泥好氧堆肥

数据显示，目前我国污水污泥干重年产量已超过 799 万吨，并且由于污水处理量越来越多，污泥量呈逐年增大趋势。而在污水处理厂整体处理成本中，污泥处理成本占污水处理厂总成本的 25~30%。因此为降低处理成本，需要采用一些更有效的污泥处理方式。

污泥是由污水处理后的残余杂质汇聚而成，因此污泥中携带有从污水中聚集的大量致病性微生物及重金属等有害成分。如果不对污泥进行一些必要的处理处置，必将会对人类周围的自然环境及人类的身体健康造成严重的威胁。因此迫切需要寻找一种经济而有效的污水污泥处理方法。

目前，污泥的处理大多停留在过渡阶段，处置率较低。我国许多省市地区正面临严重的土壤盐碱化、退化的问题，如果能够将污泥进行土地利用，将污泥中的有机质和氮、磷、钾等营养物质回收应用到贫瘠土壤中，将会显著改善土壤的土质情况，对于我国的低碳绿色经济和可持续发展战略目标的实现起到重要的技术支撑和推动作用。由此可见，污泥的最终处理已经不仅仅是污水处理行业的问题，而是关系到生态环境的大问题。如何将污泥变废为宝，使其融入生态环境链中，实现污泥的资源化利用，是目前关系到社会可持续发展的一大难题。

根据我国2008年12月颁布的《城镇污水处理厂污泥处理处置技术规范》的要求，污泥处理、处置应符合“安全环保、循环利用、节能降耗、因地制宜、稳定可靠”的原则，污泥经“三化”综合处理后作为有机物资源回收和再利用，目前已经发展成为我国和世界的技术主流。污泥好氧堆肥综合利用是污水污泥无害化和资源化的重要途径之一，具有有机物降解彻底、无中间副产物和臭味、无害化程度高等优点。将堆肥后的污泥作为有机肥料施加到土壤中，还能够有效改善土壤的pH值、孔隙率、阳离子交换能力、持水能力等物理化学性质，增加土壤中氮、磷、钾等营养物质和有机质的含量。

堆肥根据氧气条件可分为好氧堆肥和厌氧堆肥两种。好氧堆肥是在有氧条件下，利用嗜氧性微生物的生命代谢活动来快速分解堆体中有机物料的过程，其代谢彻底，通常好氧堆肥温度较高，一般在50~60℃，能够灭杀堆体中的有害微生物；厌氧堆肥是厌氧菌在无氧条件下进行生命活动，降解有机物料的过程，厌氧堆肥对于有机质的降解并不彻底，会产生许多有机酸等低分子量物质。

与厌氧堆肥相比，好氧堆肥降解有机质产生的能量多，分解彻底，产生的刺激性气体更少。因此，目前我国采用的堆肥工艺系统主要为好氧堆肥处理技术。

污泥好氧堆肥技术是目前进行污泥资源化处理的重要方式之一，是通过污泥中微生物及相应生物酶的作用降解有机物质，并将堆肥产物用于资源化利用的过程。污泥好氧堆肥既是污泥稳定化处理，又是资源化处理的重要方式，经堆肥处理后，能有效降低污泥对环境的危害，污泥中的病原菌、寄生虫等几乎全部被杀死，并且镉、铬、铜、锌、铅和镍等多种重金属的有效态降低，对重金属有明显的钝化作用。堆肥后的污泥中氮、磷、钾等植物营养成分含量增加，因此可用作生物肥料来改善土质及促进植物生长。污泥好氧堆肥技术将污泥转化为生物肥料，成功实现污泥资源化利用，解决了城市污泥的二次污染问题，成为目前广泛采用的一种新型污泥资源化处理、处置方式。

污泥好氧堆肥是城市污泥进行无害化、减量化和资源化综合处理的主要方法之一。好氧堆肥被广泛应用于处理各种城市污泥。好氧堆肥中堆肥效果较好的一种方法是高温好氧堆肥。高温好氧堆肥是在一定的控制条件下，使堆体保持一种更高的温度或者保持更长的高温时间，加速微生物活动，将堆肥中的有机物转化为稳定、无害化的腐殖质的生物化过程。

2.污泥好氧堆肥应用现状

目前，好氧堆肥因其成本低廉、产物可肥料化、除臭效果好等优点，已广泛应用于园林废弃物、城市生活垃圾、畜禽粪便和城市污水污泥及工业污水污泥等的处理、处置。好氧堆肥过程中堆体的氧气含量、含水率、pH 值、温度及碳氮比等均会制约好氧堆肥的效果，污泥好氧堆肥依靠堆体中微生物的作用，上述影响因素有所改变就会影响污泥的堆肥效果。传统的污泥堆肥过程由于碳氮比、含水率、重金属含量等因素，不能达到适宜微生物生长的环境，堆肥效果差，堆肥终产物中氮、磷、钾等营养物质含量偏低且重金属含量较高，这不仅影响堆肥终产物的农业利用，而且易造成营养元素流失和重金属污染。工业废水中含有大量的重金属，经过堆肥处理后堆体中有效态重金属含量仍居高不下，若将其施用于农田和园林土中，必将对土壤和地下水等周边环境造成污染。

传统的污泥堆肥处理由于各污水厂污水来源不同（生活污水、工业废水等），需要处理的污泥的性质也各不相同，在进行堆肥的过程中，大多数堆体的环境并不能完全满足微生物生长的需要，这就导致堆肥污泥的处理周期延长，与此同时，堆肥过程中会有氨气挥发损失，使堆体损失大量的氮素，堆体中营养物质含量降低。为了获得更好的堆肥效果，在传统污泥好氧堆肥的基础上加入了添加剂，用以调节堆体中的理化性质以改善堆肥效果。

（二）添加剂在污泥好氧堆肥中的应用现状

1. 添加剂在污泥好氧堆肥中的应用

目前，好氧堆肥过程中常用的添加剂主要有活性炭、粉煤灰、沸石和生物炭等材料。添加剂不仅要改善堆肥的质量，而且要对堆肥中的污染物质有一定的去除作用，堆肥污泥中含量最高的污染物就是重金属，上述添加剂不仅能够缩短堆肥周期、减少氮磷等营养元素的流失、加深腐殖化程度，而且能够对重金属进行钝化，降低重金属的活跃性。

许多研究考察了添加剂的添加对污泥堆肥过程的影响。发现选择和使用适当的填充剂能够获得更好的堆肥终产品。其中，小麦秸秆、稻草和木屑、大麦渣、稻壳、木屑、花蘑菇、草药残渣和许多其他填充剂已被广泛应用于污泥堆肥。许多研究显示，添加木屑会降低堆肥的植物毒性。

对于添加剂在污泥好氧堆肥中的作用，研究结果发现：

首先，在不同的堆肥原料中加入同样剂量的添加剂，添加剂对于堆肥过程的影响有一定差异。分别在合成食品废物和污水污泥中添加同样量的沸石（10%）作为添加剂，发现合成食品堆肥的处理中添加沸石降低了堆体的电导率，而污泥和沸石的堆肥处理中添加沸石却提高了堆体的电导率。两种原料添加 10% 沸石后均减少了氨氮的损失，提高了堆肥产物中的氮含量。在不同的原料中磷酸钙添加剂对于堆体中的氮形态的影响也有明显的区别。分别在猪粪堆肥和蓝藻堆肥中添加磷酸钙，发现在堆肥结束时猪粪堆肥的氮损失相比对照组有明显降低，而对于堆体中的铵态氮和硝态氮，猪粪堆肥中的铵态氮和硝态氮含量均有所上升，而在蓝藻堆肥中硝态氮含量较初始上升了 13 倍，铵态氮含量则出现下降。添加剂不仅会改变堆体的理化性质，而且有助于重金属的钝化，但是对于不同堆肥中重金属的钝化效果不同，这可能是堆体的理化性质不同导致的。在污泥中添加粉煤灰对锌有显著的钝化效果，而对铜的钝化效果不佳。在猪粪和粉煤灰的堆肥中发现堆体中锌和铜的钝化效果均较好。在两种堆肥中锌的钝化效果一致，而铜的钝化效果出现了明显差异。

其次，添加剂的添加比例不同，对堆肥的效果也有不同程度的影响。将污泥与锯末分别以 3：1、3.5：1、4：1 和 5：1 的比例进行堆肥，发现以 3.5：1 和 4：1 比例堆肥的污泥堆肥效果较好，高温持续时间较长且最高温度较高。但是在减少氮损失方面，污泥和锯末以 3：1 和 5：1 的比例堆肥的污泥氮损失最少，这是由于高温有利于堆肥的进行，使堆肥效果更好，但是过高的温度会使更多的氨氮挥发，造成严重的氮损失。陶金沙等研究猪粪与生物炭以 2.3：1、5：1 和 12：1 比例进行堆肥，发现生物炭比例高的堆肥（2.3：1、5：1）提早进入高温期，并缩短了堆肥时间，更快进入腐熟阶段，而 12：1 和 5：1 比例的堆肥处理显著降低了堆体电导率，2.3：1 的堆肥处理则无明显的变化。堆肥结束时，与对照组相比，5：1 比例处理的堆肥氮损失降低 60.78%，远高于 12：1 和 2.3：1 处理的堆肥降低的氮损失，由此可见，对于堆肥过程，并不是添加剂的量越多越好，添加剂过量也会影响最终的堆肥质量。Zhang 等在污泥堆肥中分别添加 0、5%、10%、15% 比例的秸秆生物炭，结果发现堆体中的离子含量随添加生物炭的量增加而增加。可见不同比例添加剂对于堆肥过程有影响，但同样有添加剂的比例对于重金属总量无明显影响的情况。

2. 重金属的钝化机理

重金属是污泥好氧堆肥过程中最难以处理的一种物质，污泥好氧堆肥过程并不能有效降低堆体中的重金属总量，仅能对重金属进行钝化，将有效态重金属转变为稳定的形态。而在传统污泥好氧堆肥过程中，发现堆肥对重金属的钝化效果差，因此需要钝化剂来帮助重金属钝化。目前常用的钝化剂有物理钝化剂、化学钝化剂和生物钝化剂三种。

物理钝化剂是利用大比表面积、高孔隙率及表面官能团等物理性能来对重金属进行钝化，常见的物理钝化剂有生物炭、沸石、膨润土等。Tang 和王菁姣均发现生物炭对于重金属的钝化机理主要是由于生物炭的表面性质与重金属发生一系列物理和化学反应，包括物理吸附、络合或离子结合等，以物理吸附与化学吸附相结合的方式进行的。钝化重金属带有正电荷，生物炭本身带有负电荷，因而在堆肥过程中重金属和生物炭正负电荷相互吸引，静电吸引力加强，从而提高了重金属的钝化效果。

化学钝化剂主要通过络合、沉淀和离子交换等一系列化学反应来改变重金属在堆体中的化学形态，使其转化为稳定的形态，从而降低重金属活性。化学钝化剂主要是包括磷矿粉、氢氧化镁等一些离子盐，它们能够与堆体中的重金属结合，生成碳酸盐、磷酸盐、硅酸盐、氢氧化物等沉淀来降低重金属的活性，达到重金属钝化的目的。除了直接添加离子盐来达到重金属沉淀的目的，还可以选择一些碱性添加物来达到同样的目的。当溶液 pH 很低时，添加生物炭堆体仍呈弱酸性，氢氧化物沉淀生成量较少，而生物炭中含有可交换钙离子、钠离子，堆体中的重金属离子与钙离子、钠离子交换，被生物炭吸附，而交换出来的钙离子、钠离子等不会对环境造成危害。生物炭不仅能够进行物理钝化，同时还能够进行化学钝化。物理钝化和化学钝化并不是严格分离的，一种钝化剂在进行化学钝化时，同时也会包含物理钝化。因此，除了上述添加剂能够与重金属进行化学钝化，堆肥产物中的腐殖质也能够改变重金属的形态。腐殖质对重金属的钝化是由于络合反应，腐殖质中的富里酸含有较多的官能团，羧基、羰基和酚羟基等官能团的含量均较高，这些官能团均能与重金属进行络合，导致重金属被钝化。

生物钝化剂是微生物对重金属的钝化，主要是通过胞外沉淀、生物矿化、生物吸附和重金属还原等作用实现的。与上述化学钝化剂利用络合反应类似，微生物中的真菌细胞壁上有大量羟基、羧基等官能团，为重金属的络合提供大量吸附位点，重金属被细胞络合从而活性降低。细菌对于重金属的钝化主要是由于阴阳离子相互作用，细菌的表面含有大量羧基阴离子和磷酸阴离子，因此表面带有负电荷。带有正电荷的重金属离子和细胞表面的阴离子发生反应，重金属被固定在细胞上。并且，腐殖质的形成也是由于堆体中微生物的作用，腐殖质同样可以对重金属进行络合。

（三）生物炭在好氧堆肥中的应用

生物炭是指生物质在完全或者部分缺氧的情况下由生物质经高温（<700℃）热解所产生的一类富碳固体，具有良好的热稳定性和抗生物化学分解特性。生物炭具有大的比表面积并且表面密布空隙结构，能够有效吸附重金属等物质。生物炭表面含有丰富的羧基、羰基、苯环等多种官能团，能够与堆体中的重金属等污染物发生络合或离子交换等反应，具有较强的物理和化学吸附能力，对环境中的污染物有良好的吸附作用，在土壤改良、温室气体减排、肥料创新等多个领域得以广泛应用。

生物炭是公认的能够引起一系列积极影响的一种土壤改良剂，主要是在低浓度的情况下培育土壤，包括增强养分可用性，改进土壤的理化性质，与生物地球化学循环的相互作用以及作物产量的增加等。生物炭特别是其大表面积和孔隙率会增强堆体中的环境条件并且为微生物生长提供支持，能够增强有机物质降解和腐殖化、减少氮损失和温室气体排放。有一些研究者认为生物炭参与污泥堆肥是由于协同效应。生物炭的理化特性有利于增强污泥的堆肥过程，而生物炭本身会经历强烈的氧化过程，从而导致其表面化学性质变化以及与养分和可溶性有机质的相互作用。

生物炭因其独特的物理化学性质（即高孔隙率和大比表面积等）被认为是加速堆肥过程和提高最终堆肥质量的改良剂。目前，有研究者已经进行了许多研究来探寻生物炭对堆肥过程的影响。研究已证明，生物炭可以改善污水污泥的腐殖化和降解。生物炭还可以在橄榄粉废料和羊粪堆肥过程中加速氮循环。Malińska 等发现添加生物炭不仅可以提高温度，而且可以增强有机物的分解，减少堆肥过程第一周内氨的挥发。

Dias 等使用生物炭作为填充剂与家禽粪肥进行堆肥，发现添加生物炭的堆肥混合物有效降低了堆肥污泥中的氮损失。Jindo 等发现，在家禽粪便和有机废物的堆肥实验中添加生物炭会显著影响堆肥的生化特性，并增加堆体中腐殖质的含量。他们的研究表明，与未添加生物炭的堆肥相比，添加生物炭的堆肥中微生物组成发生了变化，真菌的多样性更高。Li 等使用竹活性炭来进行堆肥，发现竹活性炭掺入堆肥污泥能显著降低氮损失，堆肥污泥中重金属的迁移率有显著降低。还有几位学者提出，添加生物炭改良剂可能是减少堆肥过程中温室气体排放的一种新方向。

为了更好地钝化重金属、改善堆肥的质量并缩短堆肥完整周期，众多研究人员对生物炭在污泥堆肥过程中的作用进行了研究，发现生物炭对堆肥过程中堆肥效果的影响主要有以下几个方面：

温度。温度是堆肥进程中反映堆体是否正常运行最直接的指标，同时也是堆肥是否无害化判断的重要指标。根据堆体温度的变化，可以将堆肥过程分为升温期、高温期和腐熟期三个时期。在堆肥前期，微生物的繁殖活动产生的大量热量，堆积在堆体内部，造成堆体温度升高，后期微生物活动减弱，产生的热量降低，堆体温度随之降低。研究发现，生物炭能够在污泥堆肥、鸡粪堆肥等多种堆肥中促进微生物的生长，使堆肥快速进入高温期，并且堆体温度更高，更快地完成堆肥过程，原因是生物炭的高孔隙率和比表面积为微生物提供了适宜的栖息地，并且生物炭改变了堆体的pH、含水率等条件，更适宜微生物的活动。

pH。pH 是影响污泥堆肥效果的一个重要因素，堆肥中的微生物对于pH 的适应性并不一致，大多数微生物进行新陈代谢活动所要求的 pH 值一般为弱酸弱碱性，最适宜 pH 值在 5.5~8.5 之间，过高或过低的 pH 值均不利于微生物的生长，严重的还会导致微生物的死亡。pH 不仅影响微生物活动，进而影响堆肥中有机物的降解，同时也会影响堆体中氮素的保留，过高的 pH 值会使堆体呈碱性，氨氮不易保存转化为氨气逸散到空气中。而生物炭由于大比表面积和高孔隙率，能够有效保留堆体中的氨氮，添加生物炭会使堆体的 pH 值升高。

含水率。堆肥中水分的存在主要作用是有效溶解堆体中的有机物以便于微生物的生长和繁殖。含水率在好氧高温堆肥中极其重要，甚至关系到堆肥的成功与否。含水率过低会导致堆体中有机物不易溶解，微生物难以利用有机质，并且会造成环境干燥，不利于微生物的繁殖；含水率过高会堵塞堆体中的空隙，使部分区域无法进行空气流通，在堆体内造成厌氧环境。研究表明，堆肥的起始含水率一般为 50% ～ 60%，过低或者过高的含水率都会阻碍堆肥过程的正常进行，而不同的填充物也会影响堆肥的含水率。黄向东等的研究表明，在堆肥中添加竹炭使堆体最终脱水率较对照有明显的提高。李映廷等的研究表明，添加少量生物炭，在堆肥前期堆体中的含水率较对照组降低。添加生物炭能够降低堆肥过程中的含水率，并且对于堆体终产物的含水率也有所降低。

氮挥发和氮损失。在堆肥过程中，氮的转化非常复杂，主要通过矿化、固定化、挥发、硝化与反硝化等反应来进行。硝化几乎不发生在嗜热阶段，因为高温和过量氨气累积抑制硝化细菌的活性和生长。铵在 pH 值高于 7.5 且处于高温状态时会变为氨气挥发，在其他条件下会被微生物固定在堆体中。许多研究表明，通过挥发释放的氨气导致高温阶段有大量的 N 损失，从而降低了堆肥的农用价值。

研究者们已经进行了大量的堆肥实验以研究生物炭对氮损失和氨气挥发的影响，认为在堆肥中添加生物炭是减少氮损失的最有效方法。Li 等将 9% 的生物炭掺入污泥堆肥，堆肥过程中的氮损失显著减少 64.1%，这是由于生物炭表面本身的生物氧化和对腐殖质的吸附。由于生物炭的高吸收特性，生物炭的添加大大降低了堆肥初期的氮损失和氨气挥发。根据 Chowdhury 的研究，堆肥 31 天后，与对照组相比，添加生物炭的堆体氨气损失降低了约 11–21%。此外，生物炭与沸石结合用于污泥堆肥可减少堆肥过程中的氨气排放或凯氏氮损失。

重金属。生物炭对土壤中重金属形态及迁移行为的影响已受到研究人员的广泛关注。引入生物废料中的重金属在与生物炭共堆肥过程中会发生许多转化反应，随后会应用于土壤和水中。这些重金属转化反应包括吸附、络合、沉淀和还原等，这些反应控制着它们随后的迁移率和生物利用度。

这些反应表现为某些生物废物原料中存在大量有机碳（特别是溶解性有机碳）、可溶性盐浓度（盐度）和由有机氮矿化引起的酸化（硝化）。

Li 等在竹活性炭和污泥堆肥期间，发现铜和锌的有效性分别下降了 44.4% 和 19.3%，降低了铜和锌的可利用性，并且堆体中羧基等酸性官能团增加，降低了氨损失。然而，Liu 等注意到在污泥堆肥过程中添加生物炭会降低铅、砷、铜、铬与镍的生物利用度，而锌和镉的生物利用度却有所增加。同样，Chen 等发现在猪粪堆肥过程中，生物炭添加比例的增加会降低 Zn 和铜的生物利用度。他们认为是由于生物炭的大比表面积、高官能团和金属氧化物的吸附作用。他们还推测，生物炭可以通过促进堆肥过程中微生物的繁殖和腐殖质的形成来降低重金属的生物利用度。Meng 等研究表明，堆肥可将可交换态及碳酸盐结合态的铜和锌转化为有机结合态和残留态，从而降低了其在堆肥中的生物利用度。Khan 等研究发现，生物炭与鸡粪的共堆肥增加了生物炭的阳离子交换能力，从而导致了共堆肥生物炭的金属截留量增加。

候月卿等在研究猪粪堆肥发酵效果时，将生物钝化材料和化学钝化材料等复合使用，发现生物炭对重金属铜、铅、锌和镉等有相对较好的钝化能力，特别是对镉的钝化效果最为显著，达到 94.67%。污泥作为土壤改良剂时，生物炭和堆肥中的养分以及有机质的增加可能会改善土壤质量和微生物，并有助于植物生长。在土壤污染修复中，生物炭和堆肥的添加可能会增强土壤颗粒对重金属污染物的吸附能力；生物炭中官能团的增加将提高官能团对重金属或有机污染物的吸附能力；生物炭和堆肥中有机物的增加将增强对重金属和有机污染物的吸附能力；微生物活性的增强将促进有机污染物的微生物降解。

五、市政污水厂污泥土地利用现状

（一）污泥土地利用现状

污泥中含有丰富的有机质和氮、磷、钾等营养物质，为能够充分利用这些营养物质，因此，不能将污泥简单地归类到垃圾中进行处置。目前我国每年污泥产量呈逐步上升的趋势，传统的填埋处置方式由于空间和环境的限制，不再适用于污泥处置，因此探索新型的污泥资源化、经济化的处理与处置方式则颇为重要。根据以前的研究成果，污泥土地利用是一种新的思路。在农田、林地、草地等地方，污泥可以作为肥料来丰富土壤中的有机质和营养物质，而对于盐碱土地和受污染土地，污泥也可作为调理剂来改善土壤性质。经污泥修复土壤后，污泥添加量与土壤和植物中重金属含量之间存在正相关且具有统计学意义的联系，但如果污泥剂量不超过每公顷30吨，则不会对改良土壤和植物各个部分造成任何污染。

目前世界上对污泥土地利用的普遍方式是将污泥进行堆肥处理后作为肥料应用到土壤中。这种做法可能会使堆肥中的重金属污染耕作土壤，威胁地下水环境并进入食物链危害人体健康。市政工程中废物和污水污泥的施用通常会增加土壤中的重金属积累。一般认为，相比于将堆肥污泥用于农田，用于园林绿化效果更好，既可避开食物链，不使重金属随食物链进入人体，也能够发挥污泥中有机质和营养物质含量高的特点，促进树木、花卉、草坪的生长，使园林或林地的环境更好，花卉和园林植物等更具观赏性。在新西兰林地的污泥施用技术研究中，污泥施用之后森林中植物生长明显好转，并且森林地表落叶中氮的累积有所增加，土壤中可交换态氮含量也有较大的提高。将堆肥污泥进行园林土地利用，添加污泥的土壤中的氮、磷等营养物质含量明显提高，树木及草坪等植物的生长会有明显的增长，并且随着污泥添加量的增加，植物的生物量也随之增加。当污泥添加量过量时，土壤中的营养物质含量高，可能会在雨水的冲刷作用下随雨水流出，最终汇入到地表或地下水中，造成水体富营养化或水体硝酸盐污染。污泥对于土壤和植物的影响不仅会在施用后直接显现出来，而且具有长期性，能够在很长时间内对土壤和植物持续造成影响。不仅堆肥污泥中的氮、磷等物质具有长期性，而且硫酸根离子、钙离子和污泥中的重金属都具有长期效应，因此，在进行污泥施用时，应考虑长远规划。污泥施加量和植物的覆盖率不同，不同地区气候环境也不相同，施加污泥后产生的影响也不同，因此，污泥绿化应用时需要根据各地方不同的气候、温度、降雨量及土壤条件制定相应的污泥施加方式和施用量。

目前，我国对于污泥的土地资源化利用和改良土地等方面的研究还不够透彻，要想将堆肥污泥用于农田，需要研究出一套科学、安全、可靠的污泥农用规范，其应具有普适性，可适用于不同气候条件下不同地区的农田利用。农田中生长的农作物将会进入人类的食物链中，因此，在污泥农用后，应对于农田附近的土壤和地下水进行长期的监测，以防止农作物中重金属浓度过高，造成人们的重金属中毒。而对于废弃矿区、盐碱地、受污染土地和沙化土壤等，它们的理化性质已经不适宜植物的生长，因此，可考虑将堆肥污泥施用到上述土地中。污泥对上述土地的改良主要有两种：一是对于受重金属污染的土地，其重金属含量高，造成植物生长受限，施加污泥后，污泥中的腐殖质和微生物等可以对土壤中的重金属进行钝化，降低重金属的移动性，从而使土壤恢复适宜植物生长的状态；二是对于盐碱地和沙化土壤等，其土壤中重金属含量未超标，土壤缺乏有机质和营养物质，将污泥施用后，污泥中的有机质可以快速补充土地肥力，达到植物生长的条件。

陈启敏用堆肥污泥改性黄土来种植紫花苜蓿，发现施加堆肥污泥改善了黄土的碱化性质，为植物的生长提供了更佳的 pH 环境。3% 的堆肥污泥的施加为黄土提供了 64.61 g 有机质、5.83 g 氮和 4.37 g 磷，改善了黄土的贫瘠化程度。堆肥污泥的施入，还显著促进了紫花苜蓿的生长，株高和地上部分生物量均有明显增加，3% 和 6% 的堆肥污泥施加量有更好的植物生长效果，而 10% 和 15% 的堆肥污泥施加量则对紫花苜蓿的生长效果降低。

（二）污泥土地利用存在的问题

无论是哪种土地利用方式，其实质均是将污泥施入土地，这会使污泥中的重金属等污染物随之进入土壤，对土壤环境造成影响，因此，在污泥土地利用过程中需慎之又慎，考虑周全。在污泥进行土地利用前，要关注以下几个方面：

有机污染物。污泥在土地利用前，必须经过提前处理，不能直接将污泥用于土地利用。一般对污泥进行高温好氧堆肥，堆肥过程中高温阶段会杀死堆肥污泥中的病原微生物，并且堆肥过程消耗了堆体中的有机质，使有机污染物的浓度显著降低，达到较低水平，避免有机污染物对环境的二次污染。

重金属污染物。污泥中的重金属污染是可能造成环境污染的最大因素，同时也是制约污泥土地利用的瓶颈，污泥中重金属的浓度较高，例如砷、镉、铬、铜、汞、镍、铅和锌，污泥对土壤的改性可能会导致土壤中的重金属浓度超过允许范围。对于土地利用来说，堆肥污泥中的重金属总量并不重要，重要的是污泥中重金属的形态，有效态重金属是指能够被植物所吸收的重金属，若有效态重金属含量较低，则植物所能吸收的重金属较少，重金属大都保留在土壤中，不会对环境造成危害。而对于重金属的钝化，是在微生物和相应酶的作用下，通过矿化、吸附和有机络合机制，实现对重金属的钝化。污泥堆肥稳定化技术有效降低了重金属的生物有效性，这种技术具有成本低、实用性强的优势。但是污泥中通常含有多种有害重金属（镉、锌、铅、镍、铬、镉等），污泥好氧堆肥并不能对多种重金属均有良好的钝化能力。

重金属的化学行为。土壤中重金属的生物有效性与其种植植物对重金属的吸收富集能力息息相关。这些植物所需的有机质和营养元素在污泥中含量丰富。将污泥施加到土壤中，不仅改善了土地肥力、提高了植物的生物量，而且土壤中重金属含量增加，增加了植物对重金属的吸收。不同的土质条件对于污泥的容量并不相同，如 Debasis 在污泥改良土壤中种植菠菜，发现不同土壤中的污染物浓度限值不同，当酸性土壤污泥施加量超过 4.48 $g \cdot kg^{-1}$，碱性土壤污泥施加量超过 71.6 $g \cdot kg^{-1}$ 时，菠菜将通过食物链危及人体健康，原因是在不同性质的土壤中重金属发生的反应不同。在酸性土壤中，重金属容易被转化为有效态，而在碱性土壤中，重金属会生成氢氧化物沉淀，重金属进一步钝化，有效态重金属含量低，所能承受的污泥施加量较高。重金属因其具有长期性、隐蔽性的特点不易受到重视。但需注意的是，若污泥中的重金属含量较高或钝化较差时，必须考虑土壤对重金属的容量。

重金属的移动性。堆肥污泥中重金属的形态不同，它的稳定性也不相同。对于堆肥污泥土地利用而言，应重点关注的是重金属的生物有效性，重金属的生物有效性是指重金属中能被生物体吸收或是生物目标相互转化的部分，生物有效性也代表了重金属的稳定性，这和植物对重金属的吸收密切相关。目前常采用的分析重金属的生物有效性的方法是连续提取法，包括 Tessier 连续提取法和改进的 BCR 连续提取法等。国内外学者对污泥施用后的重金属移动性进行了广泛的研究，发现重金属的移动性不仅与污泥的性质有关，也会因土壤条件的不同而有所差异。

Jalali 等在钙质土壤中采用 Tessier 连续提取法分析重金属的移动性时发现，原土壤中锌和铅主要以残渣态和有机结合态的形式存在，而镉主要以碳酸盐结合态存在。施加堆肥污泥后，锌和铅的主要存在形态为铁锰氧化态和碳酸盐结合态，镉的主要存在形态为可交换态。堆肥污泥的施入增强了重金属的移动性。Theodoratos 等采用单步提取法对重金属在酸性土壤中的移动性进行分析，发现矿区土壤在施加污泥后，镉、铅、锌的 EDTA 提取态含量降低。陈珊等的研究结果也表明施加污泥后，紫色土中植物可利用态镉含量降低。说明污泥施加到不同的土壤中，重金属的移动性也不尽相同。

重金属的移动性与土壤的性质及污泥的添加量等均有关系。土壤的孔隙率、板结程度及理化性质等均会影响重金属的移动性。而重金属形态的不同也会直接影响植物对重金属的吸收富集。Soriano-Disla 等发现，植物根部在限制植物对重金属的吸收方面起着至关重要的作用。重金属从改良土壤输送到植物根部的迁移能力较强，但从植物根部到枝条的迁移却受到植物转移系数的限制。Kumar 发现，植物组织从施加堆肥污泥的土壤中吸收的镉和铬的量按根 > 芽 > 叶 > 茎的顺序减少。所有植物组织中的镉和铬浓度均低于联合国粮农组织 / 世界卫生组织要求的食品和农产品允许的限值。

Bai 等研究发现，黑麦草根、茎和叶中积累的镉、铬、铜、镍和锌等重金属浓度与污泥添加量正相关。但是，除了镉含量高（300Mg · ha^{-1}）外，其他重金属的浓度均未超过青贮饲料的安全限值。Wolejko 等发现，经污泥改良的土壤中种植的植物，草苗和叶片中的镉含量较高，而铅和镍的含量相较于镉低，这表明，从添加堆肥污泥的土壤中植物更容易吸收镉，并且可以快捷地转移至植物上部组织中。Anto 镍 ous 等指出，污泥施加到土壤后，土壤中的重金属（镉、铬、铜、镍、铅和锌）的含量并不一定与在该土壤中生长的卷心菜和西兰花中重金属含量正相关。Lara-Villa 等并没有发现在污泥改良土壤和对照土壤中生长的植物组织中砷、铬、铜、镍和锌的浓度之间有显著差异。但是，Singh 发现，污泥添加量高于 45Mg · ha^{-1} 可能导致食物链受到污染。他们还发现，在污泥改良土壤上生长的米粒中的镍和镉浓度高于农产品的安全限量。污泥中所有重金属在在小麦籽粒中均具有高浓度，并且土壤和谷物中可交换态重金属含量之间存在显著的相关性。

目前，人们的研究方向主要在施用污泥后土壤中重金属的迁移和转化，以及植物对重金属的吸收和富集，但由于污泥组分的复杂性和施用后的长期有效性，对于不同的土壤条件，污泥施用后的效果并不相同。污泥的最终归宿离不开土地。我国作为一个人口大国和农业大国，在方方面面都离不开农业和土地，污泥土地利用不仅是处置污泥的一个重要途径，同时也能改良土壤土质。将污泥无害化、稳定化处理来进行绿地应用可能是污泥处理、处置的一个不错的选择。

第二节　市政污水处理厂施工管理

一、污水处理厂建设施工管理策略

（一）污水处理厂建设施工管理关键部位

1. 管道焊接

此类工程所选择的管道大多为不锈钢钢管与碳钢管。为保证各个管道的相互连接，最主要的施工方法是焊接。焊接质量的高低将直接影响管道安装质量与使用年限，所以做好充分的焊接准备工作十分重要。比如，在施工前要注重焊工的培训与选拔，安排专业性、高素质的焊接检验人员与焊接工程师，抓好检验环节，抓好工作纪律，力求物尽其用、人尽其才。焊缝表面不得有裂缝、气孔等缺陷，焊缝宽度应超过坡口边缘 2 mm，咬边深度应小于 0.5 mm，长度应是焊接全长的 10%，且小于 100 mm。

2. 管道系统试验与液压试验

完成焊接工作后需对其进行检验，确保埋地管道的坐标、标高、坡度，以下及管基、垫层等均合格，且焊缝未经绝热与涂漆，这样方可开展管道试验工作。通常会用压力表进行校验工作，要求精度在 1.5 级以上，压力表的满刻度值为最大被测压力 2 倍，应准备 2 块压力表。需特别注意，在此之前不可隔离参与试验的设备、管道附件与系统，拆卸过程中要小心、谨慎，做到安全拆卸，加置临时盲板的部位应有明显的标记。试验结束后应及时拆除所有临时盲板，并校核记录。使用自来水开展液压试验工作，在注水期间应打开管道高处的排气阀，排掉空气，等在未灌满的情况下再关闭进水阀和排气阀，采用试压泵加压的方法升高压力，待上升至 0.5 倍压力时，需检查管道有无问题，若无问题再进行加压，一旦压力上升至试验压力时，必须停压 10 min，观察压力表情况，压力表不降则表示无泄漏，试压泵无变形则代表强度试验合格。然后再进行严密性试验工作，将压力降至工作压力，在此状态下全面检查管道情况，可采用重量约 1.5 kg 的小锤，沿焊缝方向轻轻敲击，倘若压力表指针有所降低，管道的焊缝处未发生渗漏现象，则代表严密性试验合格。

3. 水池底板浇筑

水池底板对混凝土施工包括外加剂掺加、养护等环节，其对设计或规范要求留置的施工缝、变形缝的处理具有更高的要求。防水混凝土在应用过程中具有自身独有的优势，但是它也对施工过程具有较高的要求。无论是结构施工工艺、原材料，还是施工质量管理和配合比设计，防水混凝土都对施工质量提出严格的要求。因此，是要打好地基，防止混凝土出现不均匀沉降的情况，致使池壁出现裂缝。

（二）污水处理厂建设施工管理策略

1. 强化设计管理与项目决策的科学性

在项目施工前，可利用公开招标的方式选定相应的设计单位。设计单位人员在开展工作期间，需收集建设方提供的资料，其中包括勘察资料与设计资料等，保证设计资料与实际情况相符合。在施工前，统一由监理工程师严格审查施工组织方案，保证施工组织方案具有可行性。建设方应严密审查施工图，比如，对施工图所涉及的施工要素、专业内容等进行图纸会审，特别是其他专业较差的地方也需要进行严格审查。同时，还需要对新旧工作进行交接，并做好核对与批示。此外，在项目正式立项之前，还需要委托相关企业进行详尽的可行性研究与评估，研究项目建设的必要性、经济性、可行性与合理性，待到相关研究论证方案通过后再开展项目，在条件允许的情况下，可以派遣相关人员到具备先进管理经验的单位进行学习与考察，或者邀请此领域内的专家莅临指导，从而形成科学的决策。

2. 制定合理的施工方案

在实际施工过程中，相关人员要严格按照要求编写施工方案，保证方案的可行性，经由施工方的项目经理及监理单位审批方可实行。然后，还需要根据施工方案与施工图纸开展施工，合理安排交叉施工的各道工序，按照实际所需选择一定的工人数量，避免浪费资源，必要时对施工人员进行培训。

3. 混凝土的养护与质量管理

市政污水处理厂项目大部分采用钢筋混凝土框架结构制作而成，所以相关人员要更加注重对混凝土质量的管控，从混凝土原材料、搅拌工具、人员等方面出发，选择合适的混凝土搅拌站，并且安排监理工程师在泵站的搅拌过程中进行旁站，同时还要分阶段地增加石子与水泥的取样频率，送往资质较高的实验室进行检验，从而保证混凝土原材料的质量。施工结束后，相关人员应在第一时间采取混凝土养护的管理措施。采用蓄水法养护底板，以两周以上为宜，在壁板处悬挂两层湿草袋，浇水养护。模板拆除后，可以在表面覆盖湿草袋，有效防止光线照射，从而避免因温差过大，混凝土产生裂缝。当混凝土浇灌后 6 h，需要进行浇水养护。浇灌后 3d 内每天应浇水 5 次左右，3d 后每天浇水 3 次，养护周期不得小于 2 周。

4. 安全管理

市政污水处理厂建设施工期间往往会伴随各种施工风险，按照市政工程项目的施工情况，施工风险包括安全控制风险、质量控制风险、进度管控风险与投资控制风险等。为防止施工现场发生安全事故，相关单位应当根据风险因素，采取针对性的安全管控措施。比如，工程项目部应设施工安监科，下设专门的安全操作员，作为工程项目部安全施工管理的办事机构，也是安全施工监督管理的主要部门，专职负责国家下发的相关标准、规范执行情况的监督，开展各项检查与监督工作，严格执行建设单位与监理单位的相关规定，负责健全各专业处及施工班组的安全网络。同时还需要投入一定的资金，为企业的安全管理工作提供资金支持。针对污水处理厂的安全管理工作，安排专门的安全人员进行监管，及时发现工程项目中潜在的安全隐患，并上报至相关部门进行处理，从而制定出有效的安全策略。

二、市政工程污水处理厂池体混凝土防渗技术

某市政工程污水处理厂工程分为一、二、三期建设，一期建设规模为 6 万 m^3/d，采用氧化沟工艺，出水水质设计为《城镇污水处理厂污染物排放标准》中的一级排放标准。该厂址位于整个市区的东南区域，占地面积 160 多亩，所处位置比较居中，便于收集本区域的污水，大部分污水可重力自流进入该污水处理厂；处理后的污水不需要提升便可就近排放。

（一）池体混凝土的施工要点分析

在污水处理厂的工程项目体系中的，整个混凝土防渗透项目的基本要求非常高，不仅要达到基本的防渗透与防腐蚀等方面的要求，还要针对碱基料进行全方位的控制，保证混凝土可以实现质量上的达标。除此之外，在工程项目中，在平面尺寸和单位容积等各个方面，混凝土的浇筑量都非常高，池壁相对来说也比较高，整体施工长度也非常长。这种情况也使得大体积混凝土施工过程中的水化热都非常大，也非常容易产生一些不必要

的裂缝。因此，在本次工程项目的施工过程中，施工缝、变形缝、穿墙螺栓等各个方面的防渗应进行重点控制，要结合具体施工区域进行针对性的调整，并解决好可能存在的渗水等情况。

（二）池体混凝土出现渗漏的成因分析

结合当前某污水处理厂所出现的池体渗漏等情况，这里针对性分析构筑物存在的各类渗透与漏水问题的成因，主要可以总结为五个方面。第一，在工程项目过程中针对钢筋保护层的厚度控制还不到位，容易引发钢筋锈蚀、混凝土裂缝等各类不必要的问题。第二，在工程项目施工过程中并没有按照既定要求来完成施工缝、沉降缝等内容的设置，从而容易引发池体渗漏的情况。第三，在工程项目施工的预埋件布设过程中，周边的混凝土施工并没有具有较强的密实性，出现了止水钢板位置偏差等情况。第四，在工程项目施工过程中，穿墙管道周边区域的混凝土存在振捣不密实的情况，最终出现了蜂窝孔洞等问题。第五，工程项目施工的模板体系中的对拉螺栓防水构造在设计上也存在一定的问题，最终引发了池体渗漏问题的产生。

（三）池体混凝土裂缝的控制措施

在某污水处理厂项目中虽然出现了池体裂缝的情况，但是通过控制各个构筑物的混凝土结构设计，能够显著提高其密实度，并且使得污水处理厂构筑物具有较强的防渗透性能。而要想达到这些成效，也需要工程项目重视这方面的质量控制，还要做好相应的施工监督工作，使得混凝土施工模块能够达到相应的质量要求。

钢筋绑扎。对于施工人员来说，应该根据施工现场的实际情况和施工模块的需求，合理完成钢筋绑扎过程，还要在这个过程中充分保障其牢固性。施工人员，应该在施工允许的范围内，将存在的尺寸偏差降到最低，避免引起不必要的误差。在这个过程中，施工人员应该严格按照图纸要求和相关的施工规范标准来进行设置，保证各项布设内容能够达标，避免因为后续混凝土振捣工作而对绑扎好的钢筋产生影响，出现钢筋偏移等各类问题。

混凝土浇筑施工原材料的控制。在某污水处理厂工程项目中，混凝土等级和抗渗透等级分别设置为 C30 与 S8，使用了 42.5 普通硅酸盐水泥。为了保证最终混凝土具有相应的强度与抗渗透等级，最终的水胶比选择为 0.5，水泥使用量在 325 kg/m^3 到 350 kg/m^3 之间。在这个过程中，相关人员还应该对粗细骨料材料进行全方位的控制，保证各个构筑物能够具有较为显著的抗渗透性，避免出现裂缝问题。在粗骨料材料中，可以考虑混入一些大粒径的碎石，并且碎石中的泥含量也应该少于1%。细骨料材料本身就以砂和河砂为主，因此含泥量只需要在3%以下即可。施工人员，在后续施工建设过程中也应该根据实际施工现状，适当加入一些外加剂，提高混凝土的综合性能。但这些外加剂在进厂的时候应该进行全方位的检验，保证各个出厂证明都非常齐全，并且质量得到充分保证以后才可以使用。

混凝土浇筑振捣和养护。首先，施工人员应该采用专业方法与技术，全面去除掉垫层，并且所使用的模板都应该满足相应标准要求，具有较好的刚度与强度等，在密封性方面表现良好，不会发生漏浆等情况。在这些条件都充分满足以后就可以进行混凝土的浇筑工作。但在池壁的浇筑过程中，应该及时敲击模板以明确浇筑与振捣情况，还要充分重视二次浇筑工作。在底板混凝土浇筑的时候，还要进行二次压光，并且振动棒还要跟钢筋与模板保持一定距离，避免对这些构件产生不必要的影响。

其次，混凝土浇筑过程中，施工人员还应该注意自然倾落高度，以免出现离析等情况。在具体振捣的时候，应该选择最合适的力度。混凝土的浇筑工作也应该用标尺测量好厚度，分层浇筑的时候每一层最好能够控制在50 cm以内。

最后，在某污水处理厂工程项目中，出现混凝土内部产生各类收缩裂缝的情况。这主要因为本次工程项目在夏季建设施工，自然温度过高使得混凝土表面水分蒸发较快。在这种情况下，工程项目也要加强对于混凝土的养护，在浇筑完成的12 h以后还要积极做好降温保湿养护工作，避免内外部温差过大。可以考虑在这些区域覆盖一些塑料薄膜，在至少养护七天以后才能进行池壁侧模的拆除，以提高混凝土的养护成效。

施工缝施工。在本次工程项目中，在布设水平施工缝的时候，不能将施工缝布设在底板与顶板的区域，应该至少跟顶板与底板保持30 cm以上的距离。如果池壁上存在孔洞，那么施工缝跟这些孔洞之间应该保有30 cm的距离。在浇筑底板的时候，施工人员应该保证各个杂物都被清理干净以后，进行二次混凝土的浇筑。在这个过程中，施工人员还要兼顾使用高压水冲洗，保证最终施工缝表面没有明显杂物。

伸缩缝施工。为了有效避免池体温度应力较大而使得整体结构出现破坏的情况，在本次工程项目中将伸缩缝布设在超长构筑物附近区域，这使得本次工程中的构筑物不仅仅要适应温度伸缩，还要避免出现结构变形的情况。在伸缩缝施工的过程中，应该灵活使用钢边橡胶止水带，做好相应的密封工作。这需要施工人员能够针对各个材料的质量进行全方位检查，避免止水带被钢筋划破。在后续安装的时候，施工人员应该按照具体正确方法来操作。在混凝土浇筑过程中，施工人员还应该充分重视钢边橡胶止水带的位置，并做好相应的固定与支撑，全方位监督浇筑过程。在施工现场区域中，施工人员应该避免现场搭接止水带。在混凝土浇筑完成以后，也应该尽快清理沉降缝的杂物，还要进行防污胶带的布设，最终充分保障施工成效。

预埋套管和管件施工。在本模块施工过程中，施工人员应该将止水片布设在池壁的各个套管中，还要做好表面除锈工作，避免在后续安装过程中出现一些不必要的空隙，降低整个模块的防水性能。在套管安装的时候，施工人员应该保持中心线的对齐，还要做好各类加固钢筋的焊接工作。在混凝土浇筑的时候，如果预埋套管的直径过大，那么就应该进行单侧下料，在另一侧已经流出混凝土的时候再进行双侧下料操作。这主要是因为盲目进行双侧下料容易在套管下方产生空隙，出现混凝土空洞等情况。

处理穿墙螺栓。在污水处理厂项目工程施工过程中，施工人员应该灵活使用工具式螺栓，针对模板进行相应的固定，并做好止水片的焊接工作。在后续进行拆模作业的时候，也应该将螺栓截断，并进行构件密封工作。

第三节　市政给排水工程污水处理技术

通过近些年对生态环境保护政策的落实，我国的生态环境在逐步好转，国家合理利用水资源，合理处理排水工程污水处理，是环境保护工程中的重要部分。加强排水工程，污水处理工程建设，能够有效防控自然灾害，减少水资源的浪费、污染。加强污水处理、排放技术以及政策的宣传，能够提高居民对污水处理的认知，提高资源的利用率，营造良好的生产生活环境，使城市得到稳定、健康地发展。

一、市政给排水系统常用污水处理技术

（一）活性污泥处理技术

活性污泥处理技术是一种生物降解的处理技术，通过添加一定量的活性污泥微生物，利用微生物对有机物的降解能力来对污水进行处理。活性污泥是一种富含微生物的污泥，在加入氧气的条件下，可以通过生物降解来去除污水中的有机物、氮和磷等物质。在污水处理过程中，将污水通入活性污泥池中，通过搅拌和通入氧气来促进微生物的生长和代谢，从而去除污水中的污染物。活性污泥处理技术具有处理效果好、稳定性高、处理过程简单、投资和运行成本低等优点，因此在市政给排水系统中得到广泛应用。但是，由于该技术需要大量的氧气和对污泥处理有严格的要求，因此需要一定的设备和管理水平，以确保污水处理效果的稳定和持续。

（二）雨污分流处理技术

雨污分流处理技术是通过将城市排水系统中的雨水和污水进行分离处理，从而减轻污水处理压力和减少雨水对污水处理系统的影响。具体来说，该技术是通过设置雨水管道和污水管道分别收集城市排水系统中的雨水和污水，将雨水和污水分别送往不同的处理设施进行处理。在处理过程中，对于雨水可以采用简单的过滤和沉淀处理，而对于污水则可以采用更加复杂的生物降解等处理方法。雨污分流处理技术具有减轻污水处理压力、提高污水处理效率、降低处理成本等优点，因此在市政给排水系统中得到广泛应用。但是，该技术的实施需要考虑城市排水系统的特点、管道规划和建设等因素，同时还需要进行技术的改进和不断优化，以提高处理效果，减少对环境的影响。

（三）人工湿地处理技术

人工湿地处理技术是一种以模拟自然湿地生态系统为基础的污水处理技术，广泛应用于市政给排水系统中。该技术主要通过植物、微生物和土壤等生态系统成分协同作用来净化污水。在人工湿地中，通过植物吸收、土壤过滤和微生物代谢等多重作用，可以有效地去除污水中的有机物、氮、磷等污染物质。此外，人工湿地对于一些难以处理的污染物质，如重金属等，也有一定的去除效果。人工湿地处理技术的优点包括对于污水中多种污染物质具有良好的去除效果、运行成本较低、可增加水资源的利用效率等。缺点则是对于环境条件要求较高，例如，适宜的土壤和水质条件、水

流和水位等。总之，人工湿地处理技术是一种环保、可持续、经济的污水处理技术，具有广泛的应用前景。

（四）生物膜污水处理技术

生物膜污水处理技术是一种基于生物反应原理的处理技术，通过利用微生物附着在固体支撑体表面形成的生物膜，将污水中的有机物和氮、磷等物质降解成无害物质，达到净化水体的目的。生物膜污水处理技术主要包括固定床生物反应器、曝气生物滤池、旋转生物接触器等几种形式。其中，固定床生物反应器是应用最广泛的一种，其工作原理是将污水流入反应器内部，通过生物膜上的微生物将污染物降解分解，然后流出反应器进入下一级处理工艺。生物膜污水处理技术的优点有四点：一是处理效率高、处理效果稳定，能够对污水中的有机物、氮、磷等进行有效处理；二是可以应对突发性质量变化和高浓度污水的处理需求，具有较强的抗负荷能力；三是节省运行成本，不需要使用外部化学剂，也不会产生二次污染；四是可以在较小的空间内实现高效的污水处理，节约土地资源。

（五）AB 法污水处理技术

AB 法污水处理技术被广泛应用于市政给排水系统中。该技术采用了两个不同的生物反应器，厌氧反应器和好氧反应器。在厌氧反应器中，有机废水被分解为有机酸和氨氮等物质。然后，这些物质在好氧反应器中通过微生物的作用被进一步分解为无机物质，如二氧化碳、水和氮气等。AB 法污水处理技术的优点包括处理效果稳定、设备占地面积小、能耗低、处理周期短、可适用于多种污水类型等。缺点则是对环境温度较为敏感，若环境温度较低则处理效果可能会受到影响。总之，AB 法污水处理技术是一种有效、经济、环保的污水处理技术。

（六）超滤污水处理技术

超滤污水处理技术是利用超滤膜过滤器，通过物理过滤的方式将污水中的有机物、悬浮物、细菌等污染物质分离出来，从而实现对污水的净化。超滤污水处理技术的基本原理是将污水通过超滤膜过滤器，使污水中的有机物、悬浮物等大分子物质无法通过超滤膜的微孔，被截留在膜表面形成浓缩液，而水分子、离子等小分子物质则可以通过超滤膜，流出膜表面形成的超滤液，达到净化水质的目的。超滤污水处理技术的优点如下：高效地去除污水中的有机物、悬浮物、细菌等污染物质，达到高度净化水质的目的；不需要使用化学药剂，避免了对环境的二次污染；可以适应污水质量变化大的情况，对突发性质量变化有很好的适应能力；对操作人员的技能要求不高，易于操作和维护。

（七）变频控制技术

污水处理厂的机器设备需要全天工作，而且曝光机和潜水泵是污水处理过程中的重要装置，一般情况下有污染物进入水泵中，污水中会存在一定数量的泥沙和瓦砾，在处理过程中会影响水流速度，使水流速率处在不断变化的状态下，影响污水处理工作的运行效率和污水排放的结果。工作人员可通过控制气阀，增加管道中的阻力。通过压力调节管道系统里的空气电位器，控制污水管道中存在的剩余风量，根据溶解式氧传感器所发出的指示信号，控制排出污水中剩余的氧气含量。还可以将变频器绑在潜水泵中，启动阀门。观察水锤的影响，转化水泵的电流冲击速率以及电流压力，观察水流流量的疾缓，控制潜水泵的旋转速率，调整变频器的工作电率，避免水泵出现长期超负荷的工作状态。总之，变频控制技术不仅能够达到节能的目标，还可以设置闭环自动控制，提升污水的处理效率和污水处理的质量。

（八）生物滤池混凝沉淀技术

在污水处理的过程中，污水中会存在一部分不易溶解的粒子。通过生物过滤池的技术，利用过滤填料表面上所附着的活性微生物吸附污水池中残留的水中杂质，同时在填料过程中，可以拦截相对较大粒径的颗粒物。生物过滤池技术在城市污水处理、利用过程中，存在诸多的天然优势，在城市排水净化过程中可以得到很广泛的应用，而且只要在每个生物滤池中设计使用各种不同粒径的过滤填料，设计并放置于不同的净化深度，就可以同时衍生出具有多种不同应用功能特点的生物滤池工艺。比如具有脱氮功能的深床滤池，运用多种新型滤料进行有机融合，让城市污水处理过程中的有害的微生物长期暴露在高浓度的空气介质中，观察这些微生物污染的主要表现形态和微生物排放的过程，总结有机微生物在各种厌氧，缺氧，以及好氧不同情况条件作用下，实现高效反硝化脱氮净化的成果。在技术应用的过程中，污水中的粒子可以轻松地通过过滤池，将杂质、离子等微小分子，隔离在滤池的表面，过滤流程的耗能可观。在污水处理过程设计中，混凝沉淀技术在常规物理方法沉淀过程的理论基础上，利用化学中发生的絮凝沉淀，将有机固体悬浮物颗粒和有害胶体杂质从污水处理池中有效分离筛选出来，进行高效净化，对所污染水源进行缺氧、过氧量的准确检测，能够更有效地解决了水体系统中的细菌、藻类有机物过量聚集产生的问题。这种新技术操作方式简单、工作效率高、工艺稳定，是快速处理污水的不二选择。

（九）UNITANK 工艺

UNITANK 工艺是在传统活性污水处理基础上优化组合形成的。通过周期运行，连续放水到一个可以被分割成数个反应单元组成的矩形反应池，通过连续恒低水位运行，充分利用矩形反应池中的最大有效反应容积，同时满足有机水符合与生物水利复合的要求，且反应池中装有搅拌装置、排污设施、多种出水闸门、空气堰。当处理城市污水时，该工艺能够对矩形池进行合理的设定，严格把控时间，实现污水中杂质的去除。控制爆气和搅拌机的状态，使污水中的微生物能够在缺氧、厌氧、好氧的状态中切换，进行脱氮处理。单个矩形池可以保证排水、净水工作的高效稳定、连续性，并且 UNITANK 污水处理工艺也拥有占地相对少、投资费用低、运行投入成本支出少、技术含量较高、智能化集成程度相对高等多项技术优势，节约社会资源投入的同时能够做到有效避免工业噪声振动和水体臭气对社会环境资源产生的二次污染，是实现城市绿色、和谐、稳定发展目标的最佳选择。

二、市政给排水工程污水处理水平强化措施

（一）强化污水处理技术与排水系统的契合性

随着中国城镇化的日益深入，城市面积和人数都在逐渐扩大，对城市内给排水工程的污水处理也产生了很大的问题。同时由于城市人民的生活水平日益提高，城市每日产生的污水总量也与日俱增，若城市仍使用单一的污水处理技术，则将会对城市最终污水处理效率产生一定的负面影响，对城市的环境保护也产生很大的危害。因此，为了使城市废水处理工艺得以良好的运用，需要对城市的人口规模、人口数量、区域的环境特征等因素做出全面的研究，进而正确地选用最适宜的污水处理技术，以确保城市废水处理效率满足相应条件。在进行排污管线引流的设置中，应当根据城市的现状，科学合理地设计污水管线系统，并按照不同的城市情况来设定排水管道线的标准，从而防止了在污水处理流程中出现不畅的现象，也最大限度地减少了城市污水处理水质不合格的情况[20]。

（二）优化城市污水处理基础设施

在优化城市污水处理基础设施的问题上要想实现污水处理技术的具体应用，需要对污水处理基础设施进行支撑，要想实现污水和雨水的高效分流，就需要构建健全的污水收集管网，加大对雨水污水收集管网系统的投资力度，构建出污水与雨水分流的网络管道。在城市污水收集管网建设中，应考虑城市化的发展趋势，加大污水收集管网的覆盖范围，以城市总体规划为基础，将工业和生活区进行合理地分区，以保证污水处理厂和生活区的排放效率，同时对城区内已无法满足新时期城市排水建设要求的管网进行设计与改造，避免城市内的污水直接排放到自然水系当中。

（三）提升污水循环处理利用程度

目前全球水资源紧缺，而我国的人均用水量又远小于世界平均水平，且越来越多的化工厂也使我国的水资源环境更加恶化，因此，必须大力发展城市污水的回收利用，以提高国内的水资源利用效率。还要提高公众对节水的意识，促使人们在日常生活中节约用水，降低污水资源的来源。同时，市政工程建设要根据给水项目的施工要求和目前的污水处理情况，提出相应的预防措施，将水源污染的可能性降到最低。

（四）制定完善的给排水体系

在城市化进程中，为降低城市给水系统的压力，有效地满足居民的生活需要，可采用直接给水系统，这样虽可以提高供水速度，但也不可避免地会造成水资源的二次污染，从而使城市的废水排放量大幅上升。因此，必须对给水系统进行优化，并结合相关结构设计原则，设计出科学、合理地地下管线，既能提高整体的供水效果，又能满足用户的用水要求。另外，在优化排水系统的过程中，还必须对污水截流管进行优化改造，设计出淤泥消毒池，利用产生的沼气进行发电，这样既可以有效地解决废水的污染问题，又可以减少排放费用，有利于城市的生态建设和发展。

（五）确定区域地用水量，开展应急准备活动

为了提高市政给水工程的污水处理能力，必须在污水处理之前进行一次全面的检测，确定各区域的用水量。这样做可以让有关部门对城市的人口情况有一个准确的认识，并在一定的范围内，计算出废水的排放量，并根据计算的结果，选择合适的处理方法。另外，在污水处理过程中，有关部门要充分考虑到城市的污水量，并考虑到梅雨季中节水率上升的问题，制定出相应的应急处置方案，当污水处理法出现不确定情况时，必须采取

紧急措施。同时，有关部门要加强污水处理设施的建设，建立健全的设施和管理体系，使其能够有效地进行废水的处理。

（六）优化污水处理环节

对污水进行二次检验。水很容易以疾病的形式传播到生态环境中，对人体健康造成一定的伤害，对水质不合格的废水采取二次检测，然后再进行二次检测，确定没有危险物质后再排放到自然生态环境中，保证了居民的生存质量。比如，可以按照水体的污染程度将其分为不同的级别，并采取不同的处理方法。污染程度比较严重的可以通过专门的设备进行处理，处理后对水质进行再次检查，以判断水的质量是否满足安全的排放标准，若不满足，则要经过滤测试，确认水的质量满足安全的排放标准后，再将水排放到自然环境中。

对污水分类处理。目前，我国城市污水的来源主要是生产废水和生活污水，而废水中含有多种有害化学成分，因此必须针对不同的废水来源采用不同的工艺。对含有大量杂质的生活废水，可以通过过滤装置来处理，并使用净化器来净化废水中的有害成分。如果废水中的化学成分含量高，可以通过化学反应的原理对废水中的化学成分进行反应，将废水中的有害化学成分进行净化，然后通过物理净化法对废水进行再处理。另外，由于废水中含有大量的杂质和有毒物质，所以在处理废水时要格外小心与谨慎，既要保证废水的水质符合二次循环利用的要求，又要尽量降低水的浪费，同时还要保证给排水系统在城市中的正常运转。

防止二次污染的出现。二次污染是在城市污水处理过程中产生的。如，废水处理过程中会产生大量的废弃物和淤泥，因此必须采取各种方法提高各种设备的使用效率，以达到提高其生态效益的目的。废水的处理将采用头发收集器、格栅等设备，将废水处理后剩余的垃圾集中填埋。污泥主要是通过沉淀、浓缩和脱水等方式进行的。医院污水和生活污水的组成有很大的差别，所以要根据医院废水中的细菌、病毒等问题，对其进行二次处理。

（七）构建完善的工程管理机制

健全的工程项目管理机制可以对城市给水工程的污水治理进行有效的约束和规范，保证其高效运行，并能充分贯彻国家有关部门的管理规定。因此，在建立城市给水工程的管理机制的过程中，应该摆脱传统的思维方式，运用精细的管理思想，科学地引导城市给水工程的运行。

制定完善的监督机制。为了保证城市给水项目的各个环节都能得到规范的执行，必须引导公众积极参与到污水处理的各个环节，并通过多种监督渠道，确保公民的生产生活行为满足环境保护要求，全面提升污水处理整体成效。

构建完善的质量管控机制。要保证城市给水系统的工艺质量，既要科学、合理地选择废水处理工艺，又要严格控制原材料的选择和验收。针对不同的废水处理工艺，要构建出不同的工艺过程。在工程项目监督下，所有的施工人员都要树立起一种质量管理理念，并以污水处理特点为依据，制定出与之相对应的责任体系，从而施工人员的积极性。

第六章　市政给排水工程造价风险控制研究

第一节　工程造价风险管理理论

一、工程造价概述

（一）工程造价的概念及特点

1. 概念

工程造价是一个价格范畴上的概念。工程造价的含义有广义和狭义。广义的工程造价是从投资者或者业主出发，将工程造价定义为建设一项工程所需要的全部费用，包括固定资产、无形资产，以及铺底流动资金等投资费用。狭义的工程造价是从市场出发，将工程造价定义为一项工程建成后在特定市场上进行交易所形成的价格，即工程承发包价格。工程造价的双重含义反映了工程造价的双重性，一方面是投资控制，一方面是成本节约。这就要求项目管理者在实际的项目管理过程中要切实地遵循工程造价的客观属性，运用科学的管理手段与恰当的管理方法对工程造价进行切实有效地控制，从而达到预期的管理目标[21]。

2. 特点

建设工程是市场上的一种商品，与其他一般商品相比，有其自身的特点。这也导致工程造价具有很多特点，具体可以分为以下几点。

（1）个别性。不同专业的工程项目有其不同的功能和用途，无论从结构上还是从施工方法上都会有很大的区别，即使同一个专业工程，也会因为所处地理位置、自然环境、人文环境、地质条件，以及建设时期的不同而有所差别。工程项目的差异性导致了工程造价的差异性，即个别性。

（2）动态性建设工程的动态性决定了工程造价的动态性。无论从施工环境来讲，还是从施工过程来讲，建设工程项目都处在动态变化中。而且，建设项目的实施都是一个相对漫长的过程，在这期间，任何一点变化都会引起工程造价的变化。比如，参与方意图的临时改变、设计变更、物价上涨、国家政策调整、自然条件变化等等。这一系列因素的变化都会引起工程造价的改变，因此，工程造价时刻都处在动态变化之中。

（3）大额性在商品市场中，建设工程作为一个特殊的商品，因其建造结构的庞大与复杂，决定了其建设不仅需要较长的时间，而且需要消耗大量的人力、材料、机械等，这些因素也就导致了建设项目工程造价的大额性，一个建设项目少则几千万，多则上亿。也正是因为建设项目工程造价的大额性，才迫使施工企业必须对工程造价风险管理引起足够的重视。

（二）工程造价构成及计价模式

因为工程造价有广义和狭义双重含义，所以工程造价构成也有广义和狭义之分。广义的工程造价构成是设备及工器具购置费、建筑安装工程费、工程建设其他费、预备费、建设期利息和铺地流动资金。狭义的工程造价构成是直接费、间接费、利润和税金。

中华人民共和国成立后，中国工程造价计价模式发生过很多次变化，从计划经济体制下的定额计价模式（量价合一）到市场经济体制下的清单计价模式（量价分离），经历了漫长的发展历程。截至目前，我国工程造价领域依然是定额计价模式与工程量清单计价模式并存，只是工程量清单计价模式更主流。

二、工程造价风险管理理论基础

（一）风险及风险管理的概念

1. 风险的概念

风险的其基本含义是关于不愿意发生的事件发生的不确定之客观体现。后来国内外又有很多学者就风险给出了很多不同的定义，基本的含义都是指损失的不确定性，其中最具权威的定义是风险是由于活动过程中存在的不确定性而产生的经济损失或损伤的可能性。

从风险的定义中我们可以得知风险具有三个基本要素，分别是风险因素、风险事件和风险损失。三者之间有密不可分的联系，风险因素是风险事件发生的直接或间接原因，风险事件会造成一定的风险损失。风险是客观存在的，它不以人的意志为转移，正因为风险的普遍存在性与不确定性，才导致风险管理的必要性。

2. 风险管理的概念

风险管理是研究风险发生规律和风险控制技术的管理科学，是指风险管理单位通过风险识别、风险衡量、风险评估和风险决策管理等方式，对风险实施有效控制和妥善处理损失的过程。如同国内外学者对于风险定义持不同观点一样，不同学者对于风险管理程序也持不同的看法和观点。有的学者认为风险管理包含三个阶段，分别是风险识别、风险评价及风险应对。J.H.M.TAH 和 VCARR 等人提出了五阶段的风险管理流程，即风险识别、风险评价、风险分析、风险处理及风险监控。还有的学者将风险管理分为六个阶段。其实，总结这些不同学者的观点可以得出，风险管理有四个基本环节，分别是风险识别、风险分析、风险评估和风险控制。

（二）风险识别概述与方法

1. 风险识别概述

风险管理的第一步是风险识别，只有在风险发生前运用科学的手段对自身所面临的风险进行正确识别后，风险管理者才能对风险因素进行评价、分析，而后选择正确的方法进行风险控制。感知风险和分析风险是风险识别过程的两个阶段。感知风险即了解客观存在的各种风险，是风险识别的基础，只有通过风险感知，才能进一步在此基础上进行风险分析，寻找导致风险事故发生的条件因素，为拟定风险处理方案，进行风险管理决策服务。分析风险即分析引起风险事故的各种因素，他是风险识别的关键。

风险识别是风险评价的基础，只有对风险研究主体所面临的各种风险因素进行充分识别后，风险管理者才能进行系统的风险评价。因为风险是多样的，也是多变的，所以风险识别是一项持续性和系统性的工作，要求风险管理者密切注意原有风险的变化，并随时发现新的风险。

2. 风险识别方法

众所周知，在风险研究领域中，风险识别的方法有很多，这些方法大致可以分为三大类。一类是定性风险识别方法，比如经验数据法、检查表法、访谈法、专家意见法、问卷调查法；另一类是定量风险识别方法，比如工作分解结构（work breakdown structure, WBS）– 风险分解结构（risk breakdown structure, RBS）法；还有一类是定量与定性相结合的风险识别方法，比如事故树分析法。但是，每种风险识别方法都有其优点和局限性，这就要求风险管理者必须根据风险研究主体的实际情况选择合适的风险识别方法。就工程项目而言，这几种方法是目前常用的风险识别方法。

（1）经验数据法。通过查阅、收集已完成项目有关的各种资料、文本、图表，以及相关的数据，来识别风险及风险来源。

（2）检查表法。在对专业人员提出的风险分析表进行认真研究的基础上，进而识别风险因素。

（3）访谈法。通过与相关专家及专业人员进行咨询、交谈，以此挖掘潜在的风险，这种方法不仅保证识别出的风险能客观反映工程项目的实际风险状况，而且能确保风险分析的客观性。

（4）专家意见法。该方法也称作专家评估法，是以专家作为索取信息的对象，依靠专家的知识和经验，由专家通过调查研究对问题做出判断、评估和预测的一种方法。对于工程项目风险研究而言，就是通过征询有关专家或权威人士的意见和看法，识别出相应的风险并加以分析。

（5）问卷调查法。这是一种通过设计调查问卷从被调查对象那里获得信息的方法。对于风险研究来说，就是通过设计风险研究的调查问卷向专业人士征询意见或建议。

（6）WBS–RBS 法。这是一种在分析工作结构的基础上分解风险结构的风险识别方法。首先将工程按照结构与施工程序进行分解，形成 WBS，然后将工程项目风险也按照类别进行分解，形成 RBS，最后用二者交叉形成的 WBS–RBS 矩阵进行风险识别。

（7）事故树分析法。这是一种综合风险识别方法。它是从某个特定的风险事故开始分析，然后层层深入，直到找出引起风险事故的原因。这种方法不仅能分析出事故的直接原因，还能深入地揭示出事故的潜在原因。

（三）风险评价概述与方法

1. 风险评价概述

风险评价是指在风险识别的基础上，综合考虑风险发生的概率、损失程度，以及其他因素，得出系统发生风险的可能性及其程度，并与公认的安全标准进行比较，确定风险等级，由此决定是否需要采取控制措施。

2. 风险评价方法

同风险识别方法有定性风险识别法与定量风险识别法一样，风险评价方法也有定性与定量之分。目前，国内外学者用于风险评价的方法有很多，而且不同风险研究领域所采用的风险评价方法不尽相同，就工程项目风险研究来说，大部分学者常采用的风险评价方法有概率分析法、层次分析法、集对分析法，以及敏感性分析法等。

（1）概率分析法。这是一种通过概率分布来体现、预估风险发生概率，并计算风险可能造成后果的一种方法。

（2）层次分析法。层次分析法是一种将定性分析与定量分析有机结合，最终实现定量化决策的一种风险评价方法。首先将所有要分析的问题分层，分层后的问题按照组成因素进行分解，然后将因素按照一定规则进行组合，形成一个多层次的分析模型，最后通过各因素之间的相互对比来确定因素的重要性及其排序。

（3）集对分析法。这是由我国学者赵可勤于 1989 年提出的一种系统分析理论方法，该方法在许多工程领域都得到了推崇。这是一种不确定性分析方法，其核心是将确定与不确定作为一个系统来考虑，系统内确定与不确定之间既相互联系，又相互制约，有时还有可能相互转化，通过联系度及其数学表达式对各种不确定性进行描述，最终将对不确定的辩证认识转化成具体的数学运算。

（4）敏感性分析法。这是一种动态的不确定性分析方法，也是项目风险评价用得比较多的方法。它是通过分析项目经济效益指标对各种不确定性因素的敏感程度，找出敏感性因素及其最大变化幅度，据此判断项目承担风险的能力。

（四）风险管理理论

风险管理是对风险进行探究并对其进行控制的过程，这个过程是一个周而复始、循环的过程，风险的客观性决定了风险管理的持续性。风险管理是一种过程管理，需要采用科学的方法、手段进行管理，而且要以相关的风险管理理论为基础。按照风险管理理论，所有工程项目都有两类不同性质的风险，一类是无预警的，另一类是有预警的，相对于后者，前者在项目风险中占的比例很小，因此，项目造价风险管理大多是对有预警造价风险实施的风险管理。风险管理理论认为，工程项目的实施过程是一个充满不确定性的过程，而且这种不确定性存在于项目实施的全过程，所以，造价管理的实质就是对项目实施全过程中的确定性造价因素、完全不确定性造价因素，以及风险性造价因素进行风险管理，即全面风险造价管理。

第二节　市政给排水工程造价风险概述

一、市政给排水工程造价风险的概念

市政给排水工程造价风险是指在市政给排水工程实施过程中，一些不确定性因素带给工程造价的负面影响，包括发生负面效应时产生的损失，以及为消除或降低这些负面影响而产生的费用。这些不确定性因素的来源很广，比如自然、政治、经济、社会、技术、管理等等，任何不确定性因素的发生都有可能影响工程造价。因此，有效地控制工程造价风险是非常有必要的。

二、市政给排水工程造价风险的特点

市政给排水工程作为市政基础设施工程的一个分支，除了有工程项目风险的共同特点外，还有其自身独有的特点。

（一）客观性

这是风险的基本特性，市政给排水工程造价风险是客观存在的，它不以人的意志为转移，存在于项目实施的各个阶段，并以各种不确定因素直接或间接影响工程造价。

（二）不确定性

风险发生的不确定性决定了市政给排水工程造价风险的不确定性，影响工程造价的风险是否发生、发生的时间，以及发生后可能产生的后果都是无法确定的。

（三）可变性

伴随着项目的实施，影响市政给排水工程造价的各种不确定性因素会发生变化，有些不确定因素能够被消除，或者通过及时处理而得到控制，但与此同时新的不确定性因素又会出现，形成新的影响工程造价的风险，而且，这种不确定性变化程度越大，对工程造价的影响就越大。因此，工程造价风险不是一成不变的，而是可变的。

（四）复杂性

由于市政给排水工程规模较大，工期较长，工序较多，而且工程实施环境比较复杂，所以影响工程造价的因素就会呈现出大数量、多种类的态势，而且各种风险的关系，以及他们与外界的关系就会变得错综复杂。

（五）专业性

市政给排水工程造价风险与工程项目紧密相关，工程项目的专业性决定了工程造价风险具有很强的专业性，这就要求此类工程造价风险的管理者不仅要具备较强的相关专业知识和风险管理知识，而且要有深厚的工程经验和实践经验。

三、风险识别方法的选择

每一种方法都有其优点和局限性。专家意见法需要将相关专家组织到一起进行讨论，通过激烈的讨论来激发起彼此间的共鸣，这种方法一定能识别出大量的风险因素，但是将行业内的专家组织在一起是一项相当艰巨的任务。事故树分析法不仅能够识别出风险因素，计算出风险发生的概率，还能提出风险控制方案，但是，这种方法对使用者的要求比较高，掌握该技术和使用其进行研究需要大量的时间，故一般仅用于技术性强、较为复杂的项目。所以，在对项目风险进行识别时，要综合考虑项目风险的特点和各种风险识别方法的优缺点，选择适合研究项目的风险识别方法。

上面介绍了市政给排水工程造价风险的特点，从中可知其风险是大数量、多种类的，而且错综复杂的，如果仅采用一种风险识别方法显然不能进行有效的识别。为了弥补单一风险识别方法的不足，应该根据工程项目风险特点选择几种风险识别方法，以便全面准确地对风险因素进行识别，为后续研究提供准确可靠的数据。

首先，工作人员查阅、整理了大量已建市政给排水工程的相关资料，研究并分析了各工程的风险状况，并对其风险因素和相关数据进行了总结归纳及分类统计，根据分析统计的结果得出了基本初始风险因素清单。然后，通过对在市政给排水工程领域专业能力与科研潜力较强的专家进行问卷调查，工作人员根据他们的意见和建议，分析总结完成初始风险因素清单列表。最后工作人员通过走访多个市政给排水项目施工现场，与多年从事项目施工的一线管理和技术人员进行交谈，向他们咨询初始风险清单列表的合理性和准确性，从而进一步确定风险因素清单，并最终确定风险因素清单列表。

四、市政给排水工程造价风险识别

不同学者在对工程造价风险进行识别时对风险的分类标准各不相同，有的学者按照风险的分析依据将风险分类后进行识别，而有的学者则按照造成风险的原因将风险分类后再进行识别。

（一）初步识别风险清单

不同专业的工程项目都有各自的专业特点，因此，对于不同专业的工程项目来说，影响工程造价的风险也有其专业特点，但是不同专业工程项目在工程投标报价、合同签订和项目实施过程中也会有很多相同的影响工程造价的风险因素，比如投标报价阶段投标报价的决策，合同签订阶段合同类型的选择，以及项目实施阶段工程施工管理、材料管理等方面的风险，这些风险因素对任何工程项目的造价都会有影响。

“勘察、设计的详略程度”“工程量清单的完整度”“施工技术和施工方法的确定”以及“投标参与人员的技能水平”，无论这些风险来自企业外部，还是来自企业本身，都与投标报价有着密切的联系，所以可以将其归结为“投标报价管理”风险。

施工企业在投标报价时，除了关注报价决策及报价管理等因素，还有一个特别重要的因素，这个因素就是业主资信。业主的资信状况决定了工程实施过程中工程款的支付状况。业主的资信风险会给施工单位带来垫资的风险，施工单位必须根据业主的资信状况做出合理的报价决策，因此，“业主资信的好坏”也是影响工程造价风险之一。

对于施工单位来说，对合同类型没有选择的权利，在领取的招标文件里已经明确了合同的类型，而且合同条款属于招标文件中的一部分，所以施工单位只能响应，并根据已知合同类型做出正确的投标决策。

“合同内容的完善程度”以及“合同管理人员的技能水平”都是合同管理方面的风险，可以将其合并为“合同管理”风险。

对于施工单位来说，相对于合同签订时可能遇到的风险，合同履行过程中也会有大量的风险，即“合同履行”风险。

“气候条件的变化”“施工现场及周边环境”以及“不可抗力”都是自然因素带来的风险，可以统一为“自然因素”风险。

“利率变化”“人工、材料及设备价格上涨”以及“工程变更”都是一些大的经济因素变化带来的，可以将其归结为“经济因素”风险。

“工程管理人员的技术水平”“结算参与人员的技能水平”以及“结算审核流程的繁简及审核时间的长短”都与工程管理密切相关，将其统一为“工程管理”风险。

（二）最终风险清单确定

由于市政给排水工程是市政基础设施工程，大部分都是由政府投资建设的，所以项目能否顺利实施在很大程度上会受到政府的影响，政策的调整和变化会给项目施工带来一定的风险，认为需要增加一项风险因素，即“政治因素”风险。

对于市政给排水工程而言，由于其地下施工的特点，以及大部分位于市区范围施工的特殊性，项目施工安全变得尤为重要，为保证项目安全实施所采取的措施会给工程造价带来很大的影响，因此，应该增加“项目安全管理”风险因素。结合从事项目施工的一线管理和技术人员的意见，增加“政治因素”和“项目安全管理”风险因素。

（三）风险评价指标的检测

1.效度检测

效度，即测量结果的有效性，是指所测量到的结果反映所想要考察内容的程度，测量结果与要考察的内容越吻合，则效度越高；反之，则效度越低[48]。效度分为三种类型：内容效度、准则效度和结构效度。

2.信度检测

信度，即可靠性，是指采用同样的方法对同一对象重复测量时所得结果的一致性程度。

第三节　市政给排水工程造价风险控制措施

一、工程造价风险控制措施

工程造价风险控制的措施有很多种，比较常见的有风险回避、风险控制、风险转移和风险自留。但是，一个工程项目涉及多个参与方，每个参与方管控不同的项目实施阶段，不同实施阶段影响工程造价的因素也不相同。而且，即使属于同一项目实施阶段，项目不同，风险因素对工程造价的影响程度也不尽相同。因此，在实际的工程造价风险管理中，项目的不同参与方要根据自身所管理的项目实施阶段及实际情况，选择合适的风险管控措施。对于施工企业而言，就是针对投标报价、合同签订及履行，以及工程实施三个阶段，并结合项目的实际情况，制定合适的风险控制措施。

（一）投标报价阶段风险控制措施

投标对施工企业来说非常重要，因为投标是施工企业获得工程项目、取得收入的主要途径，而投标能否成功，投标报价的合适与否是关键因素。但是，影响投标报价的因素除了项目本身的实际情况外，还有很多其他的因素，比如业主资信及其所提供的资料的完整、准确性，投标参与人员的决策、技能水平，以及施工技术和施工方法的确定等。所有这些因素都是投标阶段影响工程造价的风险，施工企业必须针对这些风险因素制定相应的控制措施。

1. 业主资信风险控制

业主资信情况的好坏是决定项目能否顺利实施的关键所在，所以，施工企业在投标前，一定要了解项目业主的资信情况，通过查询相关资信网站，或者采访与业主合作过的相关企业等多种方式，尽可能获得业主的资信情况，然后根据得到的相关信息，做出是否参与投标的理性判断。

2. 投标报价决策风险控制

投标即竞争，竞争的胜负不仅决定于竞争者实力的大小，而且也决定于竞争策略是否正确。影响投标结果的关键是投标决策，投标决策的失误会给施工企业带来很大的风险。因此，施工企业必须要采取相应的措施，保证投标报价决策的正确制定。

（1）投标报价决策者必须认真研读招标文件中的评标条款，弄清评标原则，根据标书中的评分规则，制定相应的投标报价决策。

（2）投标报价决策者要充分掌握投标项目的实际情况，了解参与竞标的其他施工企业的实力、优势、信誉及动态，摸清项目业主、地方政府和其他相关方的意向，熟悉本企业相似工程的项目成本，全面掌握与报价决策相关的资料，并对其进行整理、分析，以便制定投标策略。

（3）投标报价决策者要充分了解企业现状，掌握企业的优势、劣势，根据企业的实际情况，做出正确的报价决策。如企业为了抢占市场，可以采取薄利保本的投标策略；如企业在某些施工方面有自身的优势，可以采取不平衡报价策略，针对不同情况采取不同的策略。

3. 投标报价管理风险控制

（1）勘察、设计的详略风险控制。投标阶段，业主会提供给施工企业与项目相关的人员一系列文件，这些文件是施工企业投标报价的主要依据，其中可能存在许多影响工程造价的风险，施工企业必须对其进行详细的研究，制定相应的措施。

施工企业要认真研读业主所提供的设计文件及勘察文件，审核设计图纸、勘察图纸，通过与业主方的设计及勘察等负责人沟通，确保图纸及文件的准确性，减少由于文件错误带来的风险。

施工企业要组织相关人员深入项目现场进行实地踏勘，根据业主所提供的设计与勘察文件，与项目现场的实际情况进行对比，对现场及周边情况进行深入的了解，充分发现影响工程造价的风险因素，以便于制定有针对性的风险控制措施。

施工企业可以去当地的规划设计院及勘察设计院申请查看项目所在区域的相关规划设计资料及勘察资料，详细了解项目所在区域的规划设计情况，进一步确认项目现场的地质及地下水等情况，因为这些因素不仅影响工程的实施，而且影响工程造价，所以施工企业必须在投标阶段就针对这些风险因素制定相应的应对措施，防患未然。

施工企业针对投标阶段所发现的业主所提供设计及勘察文件中的所有问题，通过正式的书面形式向业主提出疑问函，并从业主方获得正式回复，尽可能地将风险转移给业主，减少施工企业所承担的风险。

（2）施工技术和施工方法确定风险控制。在影响工程造价的诸多因素中，施工技术和施工方法的选择与实施是一个十分关键的环节。施工技术和施工方法的选择不仅会影响工程的施工质量、安全和进度，还会影响工程造价。因此，施工企业在选择施工技术和施工方法时，必须保证其选择的科学合理性。

施工企业在选择施工技术与施工方法时，要考虑企业自身的技术特点、技术水平，并结合工程项目的实际情况，从技术、经济等方面进行比选，确保最终所选择的施工技术和施工方法技术先进，经济合理。

施工企业在选择施工技术和施工方法时，要进行权衡和风险评估，以求选取正确的施工技术和施工方法，保证日后工程项目的高效实施，降低工程成本和风险。

施工企业不仅要注重新技术、新方法的使用，更要注重施工技术、施工方法的创新，以便提高工程施工效率，降低工程造价的不确定性，提升企业的综合竞争力。

（3）投标参与人员的技能水平风险控制。如前所述，投标是施工企业获得工程项目的主要途径，而中标才能给企业带来真正的经济效益。提高企业中标率最直接的方法就是提升投标参与人员的技能水平，优秀的投标工作者不仅可以保证投标的科学性与合理性，提升企业的投标水平，还可以不断优化投标工作，提升企业的中标率，扩大企业的市场占有率与竞争力。

投标参与人员要善于学习，不仅要掌握专业知识技能，更要密切关注行业动态，不断更新知识结构，适应市场需求，敢于进行技术革新，与时俱进。

投标参与人员平时就要注重收集、积累与投标工作有关的资料文件，重视对已完工工程数据资料的积累与分析，为高效完成投标工作做好充足的准备。

投标参与人员要经常深入工地现场，进行现场学习，并进行经验总结，不断积累项目经验，提高自身业务水平。

（二）合同签订、履约阶段风险控制措施

施工企业中标后，接下来的工作就是合同的签订以及合同的履行，合同即契约，工程的实施都是以合同为基础进行的，合同内容的实现过程就是企业经济利益实现的过程，合同管理及履行的好坏直接决定了企业经济效益的好坏，因此，施工企业不仅要重视合同管理风险的控制，也要重视合同履行风险的控制。

1.合同管理风险控制

合同管理贯穿工程的全过程，从工程投标开始直到项目全部完成，这是一个复杂漫长的过程，期间会有很多影响工程造价的风险因素，合同管理人员必须高度重视合同的管理及风险的控制。

合同管理人员要全面掌握相关的法律知识，要有较强的法律意识，及时捕捉最新的法律条文。

合同管理人员要认真研读合同条文，掌握合同的完整性、严密性及公平性，要保证最终签订合同的合理性与可执行性。

合同管理人员要针对不同的合同形式制定不同的风险分散对策及应对措施，对于合同中的重要条款要特别重视，例如工期约定、工程款支付、变更调整、索赔等等，尽可能达到合同条款的平衡，降低自身的风险。

2. 合同履行风险控制

相对于合同签订，合同履行才是合同内容真正实现的过程，合同履行的好坏在很大程度上决定了工程的成败，所以，施工单位必须高度重视合同的履行，合理控制合同履行过程的风险，减少企业的损失。

合同签订后，合同管理人员一定要对参与工程实施的管理人员进行合同交底，将合同中的相关条款详细地告知工程管理人员，对其中的重要条款及注意事项，要进行重点提示或单独书面告知。

合同执行过程中，合同管理人员一定要监督施工管理人员严格按照合同约定完成施工任务，定期、定质、定量向监理及业主提交相应的文件，及时催促业主按时支付工程款，保证施工企业资金周转的同时保证工程的顺利实施。

工程竣工后，施工企业要按照合同约定整理提交相关竣工文件，及时完成工程移交、结算办理及工程尾款申请等相关事宜，保证企业尽早实现经济效益。

（三）工程实施阶段风险控制措施

工程实施阶段不仅是工程形成的阶段，也是施工企业投入最集中、最大的阶段，该阶段是施工企业最终实现合同目的的关键环节，对施工企业来说，该阶段非常重要。但是，该阶段周期较长，影响因素较多，对工程造价的影响非常大，因此，该阶段是施工企业进行工程造价风险控制的主要阶段。

1. 自然因素风险控制

由于市政工程大多是露天作业，而且施工工期相对较长，因此工程受现场环境、社会环境和自然气候条件的影响会比较大。这些因素都会给工程造价带来不同程度的影响，施工企业要给予高度重视。

施工企业项目管理人员要深入施工现场，了解现场的地形、地貌，掌握地下水文条件、地质条件以，及地上地下障碍物等的具体情况，并根据现场实际情况制定相应的施工措施，避免因此给企业带来工程成本的增加。

工程施工前，项目管理人员要详细了解施工现场的周边环境和社会环境。除了了解当地政府及相关部门对工程项目的管理规定外，还要了解当地的民俗、民情，做到入乡随俗，减少额外支出，保证工程的顺利实施。

对于气候因素，一般的气候变化可以通过调整施工方案和施工组织设计而避免，而对于恶劣的气候变化，即不可抗力，施工企业不可能克服，一旦发生，会给施工企业带来施工成本的大幅增加，因此施工企业必须在合同条款中就不可抗力与业主进行明确的约定，分清此类风险承担的主体及各主体承担风险的范围等，或者也可以通过给工程投保的方式将此类风险进行转移。

2. 经济因素风险控制

（1）人工、材料及设备价格上涨风险控制。人工、材料及设备费用是构成工程造价的主要组成部分，这些因素的变动会对工程造价造成很大的影响，甚至直接决定了工程的盈亏。因此，施工企业对这些因素的变动要引起足够的重视。

施工企业要设置专人负责人工、材料及设备的采购，该负责人要时刻了解市场动态，实时掌握相关价格信息，并定时将这些信息准确地传达给投标报价人员，确保投标报价中这些价格的合理性。

施工企业针对人工、材料及设备价格上涨的风险，可以采取风险转移策略。通过与人工、材料及设备的供应商签订长期战略合作协议，针对价格调整做出公平合理的约定，将这些风险的一部分转移给合作商。

（2）利率变化风险控制。利息是工程造价的一个组成部分，而利率是决定利息多少的重要因素。大部分工程项目的造价都是大数额的，而且多数施工企业对于工程的建设投资都会采取贷款的方式，那么，利率自然就成了影响工程造价的重要因素。因此，施工企业对工程造价风险的管理应该考虑利率的影响。

针对利率变化风险，施工企业可以与业主就合同中的工程款支付条款进行沟通、磋商，尽量保证该条款的公平、合理性，并且在工程实施过程中，及时跟踪、催促业主支付工程款，确保工程款支付的及时性，减轻企业资金周转压力。

施工企业要不断优化资金使用计划，合理安排资金的使用，尽量减少企业贷款，进而避开利率变化对工程成本乃至企业利润的影响。

（3）工程变更风险控制。工程变更是所有工程项目都难以避免的，造成工程变更的原因有很多，而且任何工程变更都会对工程造价造成影响。据统计，工程变更费用一般占工程造价的 5% ～ 20% 左右，因此，对工程变更的管理就是对工程造价的风险管理。

对于工程变更，施工企业与业主要在合同中就变更的范围和内容、变更权、变更程序、变更计价原则，以及风险分摊范围等做出明确的约定，以免引起不必要的纠纷。

施工企业要对工程变更的合理性与否做出正确的判断，科学控制工程变更，减少不合理的变更，从而达到控制工程造价的目的。

工程变更过程中，不仅要进行多方案比选，还要从技术、经济等多方面进行考虑。尽可能选择技术合理、造价较低、有利于施工的变更方案，做到真正意义上的造价控制。

施工企业要建立完善的工程变更管理体系，就工程变更文件的签署、变更过程的跟踪记录等安排专人负责，保证工程变更资料的完整性和准确性，为后期工程结算提供依据。

3. 工程管理风险控制

（1）工程管理人员的技术水平风险控制。对施工企业来说，工程施工管理是一项极为重要的工作，而且贯穿工程建设的始终。工程管理不仅影响工程的质量、工期和安全，还影响工程造价。而工程管理的好坏与工程管理人员技术水平的高低有直接关系，优秀的现场管理人员能够做到对施工现场的有效管理，可以做到在保证工程工期、质量和安全的同时降低工程成本，实施对工程造价的控制。

施工企业要建立良好健全的工程管理体系，不仅要保证工程管理人员配备的完整性，而且要保证所配备人员的素质优良。

施工管理人员不仅要有能力制定实用高效的工程管控措施，还要保证措施的有效实施。在工程管理过程中，要严格监控工程管理方案的实施，对工程管理方案不断地进行总结、研究，优化管理方案，重视管理细节对工程造价的影响，将造价控制落实到每个管理环节中。

作为当代施工企业的工程管理人员，要紧跟时代步伐，与时俱进，要善于学习先进的管理技术，敢于实践，在工作中采取有效措施提高自身的技能水平和管理水平，为有效控制工程造价、节约成本、增加企业效益不遗余力。

（2）结算参与人员的技能水平风险控制。如同投标参与人员、施工管理人员的技能水平会对工程造价有一定影响一样，结算参与人员的技能水平也会在一定程度上影响工程造价。工程结算工作是一项专业性、知识性、政策性和技巧性很强的工作，要想做好这项工作，结算参与人员的综合能力一定要过硬。

工程结算参与人员要定期参加专业知识和专业能力的培训，熟悉相关专业文件，及时更新专业知识结构，全面掌握新的信息技术，特别是对于现代化信息技术的应用，不断提高自身综合实力，以此提高企业的市场竞争力。

工程结算参与人员要熟知工程合同中与结算相关的合同条款，全面掌握工程实际实施情况，在工程结算办理过程中，既要坚持事实依据，做到合理、合法，又要灵活对待遇到的各种难题，在工作中学习，在学习中成长，不断提高自身的技能水平。

工程结算参与人员要注重工程过程资料的收集、整理，确保工程结算过程资料的完整，这样既可以为工程结算做好充分的准备，又可以在办理工程结算时缩短结算时间，为企业赢得经济效益。

（3）结算审核流程繁简及审核时间长短风险控制。现如今，在施工行业，烦琐的结算审核流程和漫长的结算审核时间已经成为影响工程造价的主要因素，因此，确保工程结算工作的顺利开展，工程结算审核的高效完成，已经成为施工企业一项非常重要的管理工作。

对于工程结算，施工企业与业主要在工程合同中就结算的流程、结算的申报和审核时限、结算依据，以及结算方式等进行明确的约定，以此来规避和控制工程结算风险。

在工程结算工作开始前，无论从心理上还是从结算资料准备上，施工企业的结算人员都要对结算工作做好充分的准备。结算核对过程中，既要坚持公平、公正的原则，也要讲究方式方法，分清主次，抓住重点，尽量缩短结算时间，提高结算效率，尽早回笼工程款，加速企业资金周转，提高资金使用效率，避免企业经营风险，提高企业经济效益。

4. 政治因素风险控制

政治风险来自国家或当地政府，对于施工企业来说，影响工程造价的政策有国家及行业主管部门发布的与工程造价有关的相关法律、法规及政策文件等。法律、法规及政策的变化有可能引起利率的变化以及材料、设备等价格的变化，甚至有可能引起大的工程变更，这些都会对工程造价造成很大的风险，施工单位一定要高度重视。针对政治风险，施工单位最好的处理办法就是在合同签订时将该风险进行转移，通过与业主沟通，在合同中就法律、法规及政策等变化引起的工程造价的变更单独列合同条款并进行详细的约定，这样既保证了后期合同的顺利履行，也将风险进行了适度转移。

5.项目安全管理风险控制

项目安全管理在工程管理中占有重要的地位，安全管理水平的高低不仅决定项目建设的成败，也在很大程度上决定企业经济效益的好坏。做好项目安全管理工作，既可以提升施工的顺畅性，又有利于构建和谐社会，还能带给企业高效益。

施工企业要制定安全管理体系，成立安全管理机构，明确职责与分工，并根据工程项目的实际情况，制定相应的安全管理制度，并布置落实。

施工企业要对项目现场所有人员进行安全教育，通过系统学习，让他们了解施工现场环境、安全管理规定，以及安全操作规程等，并进行必要的施工技能培训，提高他们的安全防护意识，定期进行安全考核。

施工企业要严格执行安全交底，加大安全检察力度，加大安全防护措施的投入，确保工程施工的顺利实施，提升企业经济效益。

二、市政给排水工程造价预算审核控制

（一）市政给排水工程造价预算审核价值

根据实际工程建设的实际情况，对工程造价进行了合理的规划和设计，提高了工程利用效率，对城市给排水工程进行了全面的管理，并根据工程建设的实际情况，控制好工程费用，增强市政给排水工程效益。

对工程项目施工建设的管理人员来说，必须对城市给排水项目的造价进行有效的控制，并对其进行严格的管理，以避免在建设过程中发生贪腐现象。由于工程建设涉及很多利益，一些为了牟取暴利的工人经常在材料上动手脚，导致在施工过程中所用的原材料越来越少，甚至把优质材料替换为劣质材料，使得工程隐患增大。

减少管理工作中的风险。在进行城市给排水工程项目造价预算审计时，其首要目标是对工程项目建设施工过程中发生的各项费用进行详细的核算，确保其在合理的成本控制工作范围之内。因此，在工程造价的审计中，可以减少工程项目的投资的风险因素，避免投资的风险出现。

（二）工程造价审核的内容

1.对工程的审核

在城市给排水工程项目造价管理中，预结算审计是项目审计的一个重要环节。审计工作中存在着两类误差，分别是正误差和负误差。所谓的正误差，就是在实际工程中，具体的土方开挖和设计的开挖深度有一定的差

别，然后再根据图纸上的资料进行详细的计算和分析。此外，由于工程中所采用的材料的数量、规格等与设计计划有偏差，这些偏差也是审计工作的重要环节。负误差是指按照工程的图纸和设计要求来进行的。

因此，在审查施工图纸的数量时，能够理解工程量的计算规律。它的具体要求是：一是明确限制的具体范围和条件；二是要把握好计算的范围。第三，避免在计算过程中出错。要仔细地核对图纸和计算尺寸的偏差。第四，现场签证是指在签证材料数量审查中，根据实际情况，对具体的设计做出变更通知，做好调查和研究是审核工作的重要依据。审核还必须是合理和有效的，并严格禁止不现实的支出。

2.对套用单价的审核

针对给排水工程中的套用单价的审核，工程定额具有权威性与科学性特点。所有人在使用的过程中都需要根据标准的规范严格遵守，特别是在使用计算单位与数量标准的时候。随意地降低与改变价格都是明令禁止的。

另外，在审核套用预算单价后还需要注重以下几点：第一，对于直接套用的定额单价需要在审核的时候，注重设计图纸的标准与所采用的项目名称保证相同。第二，审核换算定额单价的时候还需要保证允许换算的内容与定额之间的关系。同时影响单价准确的因素需要严格的控制。第三，在补充定额的实际审核工作中，主要就是对材料预算价格、机械台班单价的合理性编制作为重要的依据。

（三）解决工程造价预结算审核问题的对策

1.完善审核编制

在工程项目的审计工作中，既有各种不同的编制方式，又有各自独特的工作特征。在实际应用中，要针对企业的不同特征，选用最合适的编制方式。在业务比较稳定的条件下，采用滚动预算的方式更适合于业务变化较大的企业。由于时代的变迁，审计的编制方式也要与时俱进，不能一成不变，而各个发展阶段的实施要求也各不相同，所以，在编制的过程中，要在保留自身优势的前提下，增加一些具有创新性的内容，取长补短，优胜劣汰。为了提高企业的运行效率，所编写的文档既要具备真实和有效的双重属性，又能极大地降低审计工作量，达到双赢的目的。

2.对审核方法进行改进

与审核的编制方式一样，预结算审核的方法也是五花八门，各有各的特点。在进行选型时，主要考虑的是具体的场地条件和实际的施工条件。

在审核的时候要科学、合理地运用这种方式，这是所有的审核方式都必须要注意的问题，为了保证审核的科学性和完整性，一定要按照简化审核的原则来进行。

在实际操作中，有很多种比较科学的审核方式，比如筛选审核法、全面审核法、对比审核法、重点审核法等，其中比较常用的就是对比审核法和筛选审核法，重点要说明的是对比审核法，对比审核法是将已经完成的项目与要审核的项目进行对比，然后根据不同的指标对比，得出不同的表现指标，并对其成因进行分析。

3. 给排水工程预结算方法的使用

在对市政给排水工程进行造价管理工作的时候，针对其中的预结算审核工作需要编制多种预结算的方案，这样才能够保证工程造价预结算管理的使用需求，结合每一种编制方法的特点，根据工程的实际情况进行运用。基于此，需要制定一定完善的编制程序与流程，固定预算的编制方法主要应用于一些业务比较稳定的工程中，而滚动式的预算编制方法可以应用到业务比较多变的企业中。当前我国信息时代的到来，审核编制的方法也在不断完善与创新，不可以本着保守的状态去工作。

另外，不同的发展阶段中对于编制方法的使用要求也不一样。编制的方法要在确定自身优势的前提下，融入更多的创新内容，对原有的编制进行取长补短，实现自身的优势。还可以促进企业的运营效率增加，编制的文件需要具有真实性与可靠性。避免因审核工作量的增加，给工程的造价带来麻烦。

4. 规范审核工作程序

在对市政给排水工程项目进行高质量的成本预算审核前，还要对其进行全过程的规范，确保工程项目的审核工作的程序能够在较好的基础上进行。在预结算审核工作中，技术人员要有清晰的工作职责和明确的工作权限，并建立健全的考核体系。制度当中对工作人员的工作范围、工作任务和工作目标都做了详细的规定，只有这样，工作人员的工作热情和积极性才会被调动起来。建立严格的程序规范，以清楚工作中的潜在问题。对某些不负责任的人进行处罚，把责任分得很清楚。要求工作人员在自己的职责范围内积极履职尽责，还要进行严格的审核，避免出现纰漏，导致审核工作出现偏差，尽可能不影响到工程项目建设质量。只有确保严格、规范的审查工作制度和标准流程，才能使城市给排水工程项目的整体效益得到不断的提升。

5.提高工作人员专业素质

城市给排水工程造价预决算审计工作的质量和水平是影响其审计工作质量的重要因素。因为这项工作的关键在于技术人员，所以对员工的专业能力和综合素质要求也很高。招聘工作人员必须具备相应的专业知识和较高的职业素养，在招聘工作的过程中要进行严格的考核，挑选出有一定技术水平和工程实践经验的专业技术人才。

公司领导也要对公司目前的审核人员进行相关的职业教育和训练，使员工的技术水平不断提高。积极鼓励员工参加社会知识的培训和学习，逐步提升自己的专业能力，以确保员工个人能力能适应各种项目的需要。对提高城市给排水系统的综合经济效益具有重要意义。要加强造价审核人员的综合素质，防止出现大规模的违规操作，必须建立造价审核人员问责制，健全工程项目的预算审核制度，并根据项目实际，合理调配审核人员，以达到高质量的工程项目成本管理的目标。

另外，在给排水工程项目的成本预结算审计中，要强化各环节的监督和管理，严格执行标准程序和规范方法。如何在现有的审核工作的基础上，有效地提高工作效率、工作质量和工作水平，提高审核工作相关数据的准确度，确保项目造价管理工作的顺利进行，就需要积极地通过引进信息化技术，应用工程造价管理软件，使预结算审核工作更加科学，这也要求相关工作人具备较高的专业技术能力和软件系统的操作能力。

第七章　市政给排水工程建设质量监督体系的优化研究

第一节　市政给排水工程质量监督相关概述

一、质量监督

中华人民共和国建设部发布的《工程质量监督工作导则》明确提出：工程质量监督是建设行政主管部门或其委托的工程质量监督机构（统称监督机构）根据国家的法律、法规和工程建设强制性标准、对责任主体和有关机构履行质量责任的行为以及工程实体质量进行监督检查、维护公众利益的行政执法行为。

质量监督是对工程质量的监督服务和行政执法的相互结合的行为。质量监督关键是保证工程质量，维护公众的利益不受损害。质量监督依据是相关的法律、法规、强制性标准等。质量监督的对象，对人，指各参建单位的行为，包括建设、监理、施工、勘察设计、检测公司等建设行为；对物，指工程实体及材料的质量、施工机械器具、施工技术资料等。质量监督的时间是从办理质量监督手续（开工）到工程竣工验收结束为止的整个过程。

二、质量监督部门

质监站主要代表政府职能部门对工程的全过程进行质量监督管理，负责对本地区权限内的建设工程质量进行监督管理。行政审批部门审批建设项目质量监督资料后，由质监站介入实施监督工作，巡查施工现场工程建设各方主体的质量行为及工程实体质量，监督工程竣工验收及做好监督资料归档工作。结合某市实际情况，为加强工程质量监督管理，规范工程质量监督行为，保证工程质量及人民生命和财产安全，根据《中华人民共和国建筑法》《建设工程质量管理条例》《房屋建筑和市政基础设施工程质量监督管理规定》《房屋建筑和市政基础设施工程竣工验收规定》等法律法规及有关规定，某市公用事业工程质量安全监督站（简称公用质监站）受某市城乡建设委员会委托，具体负责市内三区公用事业工程的施工质量监督管理。公用质监站依法对工程实体质量和工程建设、勘察、设计、施工、监理和质量检测等单位的工程质量行为实施监督。市内三区以外各区（市）公用事业工程施工安全监督管理实行属地化管理，由当地建设行政主管部门负责，某市公用质监站进行业务指导。

三、相关理论

（一）ABC 分类法

ABC 分类法（activity based classification），全称应为 ABC 分类库存控制法。一份米兰财富情况显示仅两成比例的人却掌握了八成比例的财富，而八成比例的人仅支配两成比例的财富，研究员绘制出了这种情况的关系图，即有名的帕累托定理。此方法的中心理论就是控制某个物体或样本的所有因素中，仅有几项因素对事物起到关键性控制作用，其余大部分因素对事物影响较为弱化，是非重要因素。20 世纪 50 年代，库存管理中应用到这个方法，并进行改进，成为 ABC 分析法。后来，朱兰将其引入质量管理，用于质量分析。

ABC 分析法的分析图有“两纵，一横，一曲，若干矩形”。“两纵”以百分数表示，最左侧的称为频数，最右侧的称为频率。“一横”既是图表最下面的横坐标，表示控制事物的诸多因素，将控制作用按照大小排列：最左侧靠近频数纵坐标最底部的是控制作用最大的因素，向右依次排列至最右侧的频率纵坐标最底部的是控制作用最小的因素。用加和计算出不同种类控制作用因素大小，用百分数呈现，并绘制曲线（折线）及所组成的若干矩形。通常将曲线的累计频率百分数分为三级，与之相对应的因素分为三类：A 类因素，发生累计频率为 0% ～ 80%，是主要影响因素。B 类因素，发生累计频率为 80% ～ 90%，是次要影响因素。C 类因素，发生累计频率为 90% ～ 100%，是一般影响因素。

（二）戴明环

戴明环是由美国质量管理专家爱德华兹・戴明（Edwards Deming）首先提出的。戴明环是全面质量管理的基础，它将质量管理分为计划（plan）、执行（do）、检查（check）、处理（action）四个阶段，并周期性地进行下去，形成质量的螺旋性上升循环。戴明环，充分地体现出小环循环是基础，大环循环是量变，螺旋上升是质变的效果。它能够带动上下级部门和组织内部的平级部门之间的工作、人员进行动态化合作，互相协作，人力平衡，促进默契和工作质量的提高，形成螺旋式上升。也促使职员思想方法和工作步骤更加系统化、规范化、形象化和效率化。在质量管理中，戴明环得到了广泛的应用，并取得了很好的效果。

近年有公司根据自身发展状况，把 PDCA 简化为 4Y 管理模式。4Y 即 Y1 计划到位，行动之前的计划、协调组织等；Y2 责任到位，行动需要参照计划，对人员责任落实尤为重要，避免指令不清，无人负责的状况；Y3 检查到位，如何做好监督检查、整改工作是关键环节；Y4 激励到位，有利益必然有反馈，有反馈才能更好地激励导向。结果决定着企业的有效产出，所以，4Y 强调结果导向。

（三）战略分析工具

分析工具包括内部因素评价矩阵、外部因素评价矩阵、优劣势分析法。内部因素评价矩阵是一种分析组织内部因素的工具。其做法是从优势和劣势两个方面找出影响企业未来发展的关键因素，根据各个因素影响程度的大小确定权重，再按企业对各关键因素的有效反应程度对各关键因素进行评分，最后算出企业的总加权分数。外部因素评价矩阵是一种分析组织外部环境的工具。其做法是从机会和威胁两个方面找出影响企业未来发展的关键因素，根据各个因素影响程度的大小确定权重，再按企业对各关键因素的有效反应程度对各关键因素进行评分，最后算出企业的总加权分数。优劣势分析法是指根据企业自身的内在条件探寻企业的优势、劣势、机遇和威胁，以及潜在的核心竞争力的分析方法。S 代表 strength（优势），W 代表 weakness（劣势），O 代表 opportunity（机遇），T 代表 threat（威胁），其中，前两者是内部因素，后两者是外部因素。因此，清楚地确定组织自身内部的优势和缺陷，了解组织所面临的外部机会和挑战，可以有效地扬长避短，发挥优势，针对性地克服困难，有着指导性的决策意义。

（四）矩阵式管理

灵活、有效是矩阵式组织结构形式最重要的两个优点，矩阵管理是大多数单位或者部门进行组织管理的利器。倘若组织内部存在许多相对独立的工作小组（直线式管理），它们通过某项重要任务联系起来，可以增加横向系统。

首先矩阵管理把单位内部科室部门较默契地联系起来，并可以松绑每个子单位科室领导之间的约束，有利于科室负责人之间对于某项专门任务的交流。

第二，矩阵管理有效地控制人员工资等成本，更好地搭配人力资源，这对于正在成立或刚组建的单位帮助较大。所有科室中专业性较强的人员随时待命，可以被抽调到任何一个专业项目进行工作。

第三，当知识处于平衡的一个层面，比如建筑领域的材料力学知识是可以应用到建筑各个专业的，这样的知识可以应用到需要的项目或者工作。综上，矩阵管理能够通过专门任务的进行，提高单位的时间效率，降低组织的人力财力成本，并能够达到预期的效益，达到协调完成工作，提高工作效率的目的。

（五）人岗动态匹配

人岗动态匹配是指对组织中全体人员的配备，既包括主管人员的配备，也包括具体工作人员的配备。利用人岗关系、移动配备的个人—岗位动态匹配模型，合理地进行组织内部人员配备，对组织人员进行动态的优化与配置，实现组织的既定目标。人岗动态匹配的主要步骤分为以下几点。

1. 人员规划

根据合理的人员组织结构配置专业的人员，才能达到组织的效益。规划人员是组织人员配备的宏观领头性任务，是对组织人员调配的动态预测与解决前期问题的首先环节。人员规划在实现组织发展战略的同时，保证员工个人的利益。

2. 工作分析

有针对性地对照单位岗位的工作性质进行分析，将职务说明落实到纸面上。它通常由任职责职资格条件及职位工作任务等组成。

3. 人员测评

根据工作分析公布专业岗位对人才在组织管理能力、专业技术水平、个人自身条件等部分的要求。在人才遴选的过程中加入这些人员评测指标，掌握人才是否有适应相应岗位的能力，可以作为配置人员最为关键的依据。

4. 合理配备

完成人员的各方面测试评价之后，将组织内外人员进行统筹分配，把能力与岗位相适应的人员进行安置，最终实现“人－岗”匹配。

5. 动态优化与配置

随环境与时间变化，岗位与人员资格可能不再匹配。因此，重新对人员的知识、技能、能力等进行测评，这样才有可能使单位整体的人员达到优化配备。

四、市政给排水工程质量监督的内容及对象

（一）对五大责任主体行为的监督

市政给排水工程质量监督系统一般有三阶梯度。最基础的梯度是政府宏观的监督、法律法规的保障。中间的梯度是监督机构在微观方面的监督。最上层的梯度主要由各个参建单位组成，实际施工中主要由监理单位对工程进行监督，建设单位作为参建各方的领导者与组织者进行管理。这里重点研究第二个层面的监督工作及体系，第一层面的监督次要研究。实际过程中多数检查工作是指对监理单位和施工单位建设过程行为的监督。

（二）对给排水工程建设过程的监督

自监督注册登记表转到监督机构开始，质监站开始进行监督工作，前期的监督交底、过程中的监督检查、监督工程竣工验收程序、监督资料归档等是监督的几大关键性环节，其中比较复杂的是过程中的监督检查。

第二节　市政给排水工程建设质量监督现状及优化

一、国内工程质量监督发展历程

中华人民共和国成立以来，我国工程质量监督实现了从自我监督、被动监督到主动监督的发展过程，可分为以下三个阶段。

（一）企业单方自行监管阶段

中华人民共和国成立后至1957年，我国实行计划经济体制，政府经过建筑工程局向企业下达施工任务，国有建筑企业自行设计、施工和检查验收。工程质量主要由施工企业自行评价和控制。1958年至20世纪80年代

初，原国家建工部要求工程验收等工作由建设单位负责，建筑企业必须建立独立的质量检查和技术监督机构，工程质量管理过渡到建设单位质量检查制。

（二）政府监督起步与发展阶段

1981 年，深圳市成立了“建设工程质量监督站”，标志着以政府为主导的工程质量监督管理机制建立。1984 年，国家实行工程质量监督制度，工程质量监督由单向的政府行政管理转向政府专业技术监督。1990 年，原建设部颁布《建设工程质量监督管理规定》，工程质量监督机构成为工程质量的责任单位之一。2000 年，《建设工程质量管理条例》施行，工程质量监督机构转为独立的监督方，监督方式的侧重点由工程实体质量转向工程质量实体与行为。2010年，中华人民共和国住房和城乡建设部令第5号令颁布，监督方式由直接监督转变为间接监督，由微观监督转向宏观监督，由阶段性监督转变为全过程监督。

（三）政府与社会共同监管阶段

2015 年前后，山东省、深圳市等地的一些政府机构，通过购买服务方式引入第三方力量辅助监管，强化了社会监督和事中事后监管。2017 年，住建部即在上海、广东等 9 个试点地区率先开展工程质量保险工作，逐步建立工程质量保险制度，并形成可复制可推广经验。2020 年，住房和城乡建设部委托两家第三方机构，试行区域工程质量评价工作，开拓了一种新的工程质量评估模式。这些新模式的涌现，标志着我国工程质量监督初步与国际接轨。

二、工程质量监督新模式

我国自 2002 年提出引入建筑工程质量保险。2005 年，中国保险监督管理委员会与原建设部联合发布《关于推进建设工程质量保险工作的意见》后，于 2006 年在北京、上海、深圳等 14 个城市推出新版的建筑工程质量保险产品，正式启动了全国范围的建筑工程质量保险试点工作。而在此后一段时期我国工程质量保险的发展基本停滞。直至 2017 年，在国家政策推动下，中华人民共和国住房和城乡建设部印发《关于开展工程质量安全提升行动试点工作的通知》，要求广东、江苏、浙江、上海等 9 个地区试点工程质量保险，逐步建立起符合我国国情的工程质量保险制度。此次试点以上海和深圳为代表的模式较为典型；上海将应用于商品房和保障性住房，推行经验具有较高的操作性和可复制性；深圳市为探索全面市场化的代建制，自2017年起以福田区作为改革示范区，形成了可复制推广的经验在全市铺开。

在当前工程质量监督改革方面有着积极的意义：一是通过市场行为分担政府市场管理职能，促进政府职能的转变；二是通过对建设工程项目的全过程质量风险管理，加强对工程质量的监督力度，提升了工程质量；三是解决了小业主的后顾之忧，化解了社会矛盾。

2015年前后，深圳市建筑工务署、烟台开发区建设局等政府机构采用购买服务方式，试点开展第三方工程评估，并取得了可复制推广的经验。2016年以来，深圳前海管理局引入第三方机构对工程质量、安全、进度进行巡查，通过共享优秀做法及管理经验，为政府提供专业服务，有效缓解了政府监管人员不足的问题，同时加强了事中事后监管。这些都是政府创新监管模式的有益实践。第三方机构作为政府监管服务外包的有效工具，一定程度上弥补了政府监管资源的不足，提高了监管效率和专业性。然而，该模式尚处于探索阶段，对于第三方机构的准入和退出机制尚无明确规定，对监管人员的资格要求亦不尽完善。

2015年，为提高公路建设市场监督检查工作的科学性和有效性，交通运输部印发《公路建设市场督查工作规则》，对督查内容与方式进行了规定，督查工作实行督查工作组负责制，在督查专家库中选调专家组成工作组，组长由交通运输主管部门选派或委托下级部门派出，采取综合督查与专项督查相结合的方式进行。几年来，各级交通运输主管部门分别制定了实施细则，在总结问题和经验的基础上，通过改进和创新，有效地提高了公路建设管理水平。这种模式的优势是充分利用了专家资源，不同的专家拥有不同的特长和经验，发现问题也相对全面，对于改进监督方式非常有效。但其仍存在一些操作不畅的问题，例如，基层部门因人员、资金等资源不足，督查工作走过场，没有反映出本区域的实际情况；甚至一些地方连日常的监督都不能正常执行，更提不上建立督查机制和专家库，根本无法实施督查工作。

这种选派组长和选调专家的机制，督查组织临时组建，这些人员通常都有其工作岗位和职责，不能长期很好地从事督查工作，这也可能会影响督查效果。综上，这种机制仅实现了在上海、广东等试点地区的逐步落地，整体而言其在全国的应用仍处于起步状态，距离普及仍有较大距离。深圳等地相关政府部门通过引入第三方机构辅助监管的模式，尽管一定程度上补充了政府监管资源不足的问题，但市场准入和退出机制有待规范，监管人员的约束机制尚不健全。交通运输部利用专家资源的督查机制，有效地提高了公路建设管理水平，作为政府监管由主导向驱动转变的过渡，不失为一种适应当前形势的新模式。这些模式都契合国家“放管服”改革方向，在探索实践中不断完善，将是工程质量监督改革发展的趋势。

三、工程质量政府监督的现状及问题

（一）政府监督不断发展

目前，全国从事工程监督的各级工程质量监督机构达到了 4600 多个，将近 6 万多的工程技术人员从事工程质量监督工作，从而形成了力量强大、技术全面、配套设备比较全面的监督队伍，从而形成了有效保证在全国范围内建设工程质量与提升质量水平的良好局面，不断重视质量的控制，使得优质的工程数量不断增加，全国建筑已进入了有序发展的道路。

（二）新的管理机制已基本形成

建设工程质量监督工作发展迅速，逐步形成了政府、社会、企业监督与用户评价工程质量管理机制。工程质量监督管理体制不断完善，以住宅工程为例，在工程建设过程中，建筑施工企业承担着工程质量的责任，监理单位全程参与工程监督管理，这样有效控制了工程质量，政府的监督管理主要是参建各方质量行为的监督，对结构的重要部位进行审查，工程结束后工程质量接受用户与社会的评价，从而形成层层监督，对工程质量从各角度进行评价。

（三）工程质量监督管理法规和制度不断完善

我国建筑行业法治建设稳步推进，并且出台了《中华人民共和国建筑法》《建设工程质量管理条例》《房屋建筑和市政基础设施工程质量监督管理规定》《实施工程建设强制性标准监督规定》等，保证了工程质量监督工作有法可依，依法监督。各省市也制定了地方性法规文件，监督机构建立了各类监督制度，使得各项的法律法规制度有效地落实。

（四）工程质量监督水平不断提高

随着建设工程质量技术水平的提升，以前采用的观察、手量等监督手段已经不能满足监督管理的需求。近年来，我国对工程质量监督采用了科学的仪器设备，例如钢筋扫描仪、混凝土回弹仪、红外线定位等现代化检查测试仪器在监督工作中得到了广泛的应用，而且提升了监督工作的力度与深度，从而增强了科学性，对不规范的施工企业起到强大的推动作用。在监督过程中，将观感检查与检测手段相应地结合起来，可以从更深层次对工程质量进行掌握，对工程状况予以相应的评价，这也增加了监督工作的科学性，使得工程质量水平有了明显的提升。

四、市政给排水工程建设质量监督优化策略

（一）分类监督工作程序的制定

根据《工程质量监督工作导则》及多年来监督工作的经验，并通过这次监督经历，探索并利用相关管理学理论方法，既戴明环管理理论来作为基础制定分类监督工作程序。PDCA 是个基本程序，不同监督类型的环节或要素或要求程度应该不同，越重要的越多或越严，即在上合峰会模式基础上做减法。

将戴明环理论稍作修改，进行有针对性的使用。形成监督计划（plan）、全面检查（complete inspection）、整改（rectification）、监督竣工验收及归档（supervise completion acceptance and archiving）的 PCRS 循环监督理论。针对给排水工程的重要性，适用于以上监督体系，但是大部分工程并没有如此复杂，那么可以根据不同工程的重要程度，来做监督体系的减法，划分不同的监督体系进行选择。下面对 ABCD 四类工程进行监督程序的制定。

1.A 类工程监督程序

（1）A 类工程监督程序具体称为 PCRS。这里的 R 整改如果不合格，会循环 PCR 的过程，直至未发现整改的问题了，才能进行最终的监督竣工验收 S 环节。在验收之后的监督档案管理工作同样运用质量环管理方法，即编制归档制度（plan archives system），全面检查（complete inspection），归档移交（archiving and handover），分类归档（classified filing），称为 PCAC。

（2）优化监督计划与组织。

①制定监督计划。根据内部外部矩阵分析可知前期战略分析的重要性，可知工程前期制定监督计划尤为重要，必须将监督计划细化具体，并组织进行监督告知，履行相关监督职责。质量监督计划应加大对相关四个战略的监督力度，在监督计划中体现监督重点与监督频率，以保障工程监督顺利进行及工程实体质量。其他工程可类比处理分析，并制作重点执行的监督计划与策略，即《公用事业工程质量安全监督计划书》。

②部门科室全力协作，共同圆满完成任务。机构设置合理，如上合组织青岛峰会主场馆配套给排水工程这类的社会经济效益极大的工程，不仅仅靠某个监督科室的努力，而需要整个监督机构的全力支持与配合，共同努力完善工作。

③人员配备必须充足，灵活分配工作。对于重大的关键类工程需要多加人手，而本职其余工作也要顾及。这要求各个科室专业技术人员与管理人员合理安排监督力量，灵活分配工作，做到关键工程人手充沛，其余工作统筹安排。A 类工程项目应由 2 名以上监督人员对工程项目实施监督管理，监督人员中至少有 1 名为监督工程师。

④每日监督参建单位履约行为。对于 A 类关键类工程的参建单位行为的监督应该是全面履约检查。监督单位必须做到充分监督，参建单位也要做到充分履约。如果工程项目负责人变更应填写工程项目负责人变更登记表，附带终身责任制承诺，送监督部门存档。其余项目机构人员变更，经建设单位同意，双方各存一份备查。质量监督站的期望是其能够充分监督，参建单位认真履约；或者质监站力度适当，工程合格，最终确保合格的工程投入市场。质量监督站应在监督力度上合理把握，通过找到监督力度和检查处罚力度的平衡状态，减小各方违规把握收益的可能性。参建单位与质监站责任地位、工作性质不同，但其中对工程质量的共同追求相同，而且他们两者又是合作的关系。建设单位需质量监督部门进行有针对性的业务指导、监督指导及委托检测；质监站必须合法监督，而手续必须由建设单位办理，两者之间存在相互依托的合作关系。两者合作目的都是使工程尽快保质保量完工，冲突是工期紧与合法开工问题。满足质监站职责到位，建设单位的利益不受损失，建设单位要做到，必须办理相关手续，使工程尽快合法性开工。质监站监督人员做到，提前介入作为服务指导，办理相关手续之后质监站才正式履行相关监督职责。

⑤全面监督检查施工过程。一般工程实体有必控点与一般控制点，但对 A 类工程都是必控点，必须进行全面监督检查，合理安排检查项目与工程实际情况的关系，使得施工工序与监督检查相互适应，发现问题与整改之间有时间缓冲。优化全面监督与整改复查，可以运用服务的观点监督工序质量，以预防为主的观点提前预防质量安全隐患，并利用这两个管理学观点对关键类工程增加监督检查频次、部位、履约情况等。依据《工程质量监督工作导则》及相关规范、规定、检查标准，对工程进行全面的质量

安全监督管理，必要时轮班旁站监督制。监督过程中发现的问题逐一进行指出并要求整改，整改后必须由监督人员复查合格后方可继续施工，对不影响下一道工序质量的问题可以边施工边进行整改。大部分问题要现场指出并现场监督整改完成，少部分问题需要至少一天时间进行整改。

⑥对于发现问题的整改及复查，是戴明环中的处理阶段，质量问题不能小视，处罚或扣分不是目的，整改完成保证质量才是追求的目标。为了更好地让这一道工序为下一道工序进行服务，且将发现的质量隐患及时遏制，避免造成质量事故，质监站监督人员需提出发现的问题并要求整改，期间暂停施工，并书面回复整改。整改不合格需要继续整改，直至复查合格为止，即 PCR 循环，直至整改完成才能继续下一道工序，最终 S。具体监督整改意见根据问题的大小轻重缓急，包括立即整改、整改后书面回复、限期整改、停工整改、处罚或扣分。具体整改格式根据问题的大小轻重缓急，包括立即整改、整改后书面回复、限期整改、停工整改、行政处罚与信用考核。写出监督意见后，对于下发整改或者停工文书的工程，还要另外填写相关通知单，涵盖质量和安全两方面。

（3）工程完工。

①工程完工后需要进行安全监督的终止工作及监督工程实体质量验收工作。监督竣工验收过程可总结为建设单位计划组织—各方参与竣前检查—发现问题及时整改—监督竣工验收会议及归档。将监督竣工验收过程与 PDCA 结合，即监督计划（plan）、抽查（spot check）、整改（rectification）、监督竣工验收及归档（Supervise completion acceptance and Archiving），简称 PSRS。

②监督档案立卷归档及工程备案。A 类工程监督检查次数最多，文案资料也最多，严格规范记录、存档，完善归档监督资料。例如某工程，监督过程形成的相关资料较多，记录也较多，相关监督日志约有两本，记录了每隔 30 分钟～ 60 分钟一次的检查记录。因此监督资料的归档工程也比较烦琐，按照日期排序，按照监督日志进行总结归纳等。套用现有的某市市政给排水监督档案归档制度与归档程序进行归档移交工作。利用“服务的观点”进行资料的记录内容、书写格式、闭合检查等进行收集整理，以“预防为主”的观点对质量安全监督记录进行全面检查。结合戴明环，确定监督档案归档的工作程序，编制归档制度（plan archives system）、收集整理（collect and organize）、全面检查（complete inspection）、归档移交

（archivingand handover）。

2.B 类工程监督程序

（1）B 类工程监督工作程序为监督计划（plan）、定期检查（regular inspection）、整改（rectification）、监督竣工验收及归档（supervise completion acceptance and archiving），简称称为 PRRS。

（2）优化监督计划与组织。

①制定监督计划。根据 B 类工程的特点，并具体到某一个工程上，将监督计划有针对性地细化，并组织进行监督告知，履行相关监督职责。质量监督计划根据优劣势分析法，以适当加大相关监督力度，在监督计划中体现出监督重点与监督频率，以保障工程实体质量。

②科室主导，部门科室适当协作。如像重庆路整治改造给排水工程、敦化路东段拓宽（给排水工程）等市重点类工程，有时也需要监督科室主导，其他部门帮助配合，各部门科室之间协同合作。

③人员配备应至少 2 人，分为 AB 角色。对于重要的 B 类工程，要按照规定配备 2 人，其中至少一人是工程师，是 A 角色，是工程质量安全监督的主要责任人，另一名应是协助监督角色。

④定期监督参建单位履约行为。根据工程实际情况及各参建单位人员信誉好坏、责任心强弱等因素定期进行履约检查，不少于 4 次。监督单位应该做到充分监督人员质量安全行为，参建单位也应该做到履约。

（3）定期监督检查施工过程。

①进行全面监督抽查，必控点必查，一般控制点抽查。一般质量安全监督抽查次数各不应少于 3 次，应该根据实际情况增加检查次数，保证市重点工程的实体质量。发现问题的整改复查参建 A 类工程工作步骤。

②工程完工。工程完工后需要进行安全监督的终止工作、监督工程实体质量验收工作，以及最后的工程监督资料归档及备案工作。监督步骤大体参见 A 类工程。

3. C 类工程监督程序。

（1）C 类工程监督工作程序称为 PSRS。

（2）优化监督计划与组织。

①制定监督计划。根据 C 类工程的特点，并具体到某一个工程上，将监督计划有针对性地细化，并组织进行监督告知，履行相关监督职责。质量监督计划根据优劣势分析法，以适当掌握相关监督力度，在监督计划中

体现出监督重点与监督频率，以保障工程实体质量。

②监督科主导完成监督工作。如偏远未开发地区的主次干道给排水次重要工程，对周边影响较小，而且不利因素相对较少，能够较快地完成施工。由监督科室主导，完成监督工作。

③按照规定配备 2 名监督人员，其中一人是工程师，是工程质量安全监督的主要责任人，另一名协助监督。

④抽查监督参建单位履约行为。根据工程实际情况及各参建单位人员信誉好坏、责任心强弱等因素安排履约抽查的次数。

⑤监督抽查施工过程。按照法律法规及规范强制要求，对工程施工过程进行必控点必查，一般控制点抽查。一般质量安全监督抽查次数各 2 次即可。

⑥工程完工。工程完工后需要进行安全监督的终止工作及工程实体质量验收工作，以及最后的工程监督资料归档及备案工作。

4.D 类工程监督工作程序。

（1）D 类工程监督工作程序为处罚程序（punishment procedure）、办理手续（handle procedures）、实体检查（entity inspection）、监督竣工验收及归档（supervise completion acceptance and Archiving），简称 PHES。

（2）科室主导、执法科协助。

①现场勘查，如发现违法施工行为，进入行政处罚程序。D 类工程属于违法施工工程，监督执法人员应及时进行现场勘察，确认违法事实。上报后，按照法律程序进行行政处罚。

②人员配备 2 人。其中一人主办，另一人协助办理处罚案件。严格落实相关违法单位负责人员。

③处罚完成后，由被处罚单位缴纳罚款，建设单位补办合法手续。工程实体检查。此类工程一般都已完工，不存在工程施工过程中的监督工作。履行完处罚程序并补办相关手续后，进行正规的竣工验收程序及工程实体检查。竣工验收及资料归档。工程实体质量验收、备案工作及行政处罚资料归档。

（二）监督组织机构合理化

机构设置现状是俩业务科具体作现场监督工作、监督竣工验收工作及监督档案整理工作，属于高工作量，由两名副站长级别的领导分管监督业务科。而站长直接管理办公室、执法科、综合科和财务科，同样在工作量度上比较大。并且在级别上有越级管理和汇报的嫌疑，尤其是如某特别重要的工程，需要全部门的协调合作，耗费人力资源大，部门协调工作要求高，具体表现在以下几点。

第一，工程前期手续由综合科牵头，监督科辅助，进行现场安全勘查及前期手续资料的检查，以确认符合开工条件；第二，上级主管部门下发的相关文件，需要综合科与办公室牵头，监督业务科协助提供相关材料及数据，完成相关的书面文件类及报表类的工作；第三，检测工作由办公室的专门人员负责联系有资质、设备齐全的检测公司，监督业务科委托，两部门联合对工地现场进行监督检测抽查工作；第四，相关监督档案的整理由监督科整理、自查自纠，再由办公室专职人员进行档案的检查、装订、格式调整、分类归档，两部门联合完成这项工作；第五，对于各个区市的业务指导工作，应该由监督业务科牵头，办公室执法科等科室协助，完成对各个区市业务指导的执法普法、具体监督、文件整理等工作；第六，相关执法处罚及信用考核加减分类的工程，可以由监督业务科主导执行，执法科给予业务帮助，两科联合处理。

值得注意的是，某工程几乎涉及了以上所有条目，因此各个部门科室之间的联动协作尤为必要。要解决此问题，可以通过工作分配、协调、沟通，将其余四科室的部分工作分派给两位副站长，再传达给相应科室，监督业务科与其他科室之间通过恰当的协调组织沟通联合完成特殊任务，并汇报给副站长，再由副站长向站长汇报。这样既减轻了站长的具体工作量，又增加了站内部门及领导之间的黏合度和默契度，也更好地将整个站内的监督工程、协调上下级部门、受理手续等工作紧密联系起来，不仅有利于整个单位的发展，也利于每个人的进步。

利用矩阵式组织结构形式，在目前质监站直线垂直职能式的基础上，再增加一种横向系统，由各职能部门和完成某一临时任务而组建的项目小组组成，从而实现了项目式与职能式组织结构结合的组织结构形式。它改进了直线职能制横向联系差，缺乏弹性的缺点，并可根据某项专门任务的需要而组建联通单位各个部门的一个小组。例如组成一个专门的工程小组去从事监督工作，在介入监督前、监督计划、全面监督、整改复查、监督竣工验收，及资料归档备案等整个过程，相关联的科室都可以暂时抽调人员参与工作，争取达到横纵双向联动，保质保量地完成工作。

这种组织结构形式是固定的，人员却是变动的，哪里缺人，就由相关部门专业人员补齐，完成分配工作后可以回归原岗位或者另被指派新的任务。任务小组需要立即组织，并及时选拔小组长，工作完成后归位。可见此类组织结构适合于横纵向协调合作和有特殊要求的任务。类似的，B、C、D 三类项目在此基础上做相应的减法，可以得到预期的监督管理组织配置效果。

（三）对各参建单位的监督优化建议

各参建单位可以委派或者临时聘请监督员从前期手续到最后的验收管理进行全过程管理，并且应加强相关人员履约履职工作的检查。

监督机构应定期加强建设单位的质量安全意识，使其自上而下地对施工、监理单位传达质量安全意识。建设单位不应只考虑政绩或者个人公司效益而把工期压缩，而应站在工程质量安全和工程实体产生的社会经济效益上考虑。

1. 对施工单位的监督建议

监督机构可以定期组织培训，提升施工单位对相关法律、文件、规范等的了解和领悟，强化施工企业质量保证体系的监督抽查。监督员在施工前抽查施工单位是否进行图纸会审和设计交底。施工过程中加大对相关技术规范、规定中强制性条文的落实情况。及时进行隐蔽工程的验收抽查。应学习相关工程师负责各个关键性工序的质量的施工过程中监督模式。强化质量安全意识，严保工程实体的功能性质量。监督材料进厂自查自检制度落实情况，避免偷工减料或使用的不合格的建筑材料、构件等。定期对施工管理人员进行考核，提高施工管理人员的业务能力。做到各司其职，提升工程施工及管理的专业化水平。安全施工是一切工程实体质量的基础。强化安全文明施工监督，严禁野蛮施工，严禁影响周边居民正常生活或者在批复范围之外施工，尤其是危大、超危大工程，做到每次必查，有问题必整改的监督力度。

2. 对监理单位的监督建议

监督确认总监理工程师是否具备相应资格、是否注册相关诚信考核平台。监督总监理工程师是否在工程施工过程中履职，是否兼职多个重要工地。监督抽查专业监理工程师对施工的巡视检查记录、监理日志及落实监理实施细则情况。

监督抽查监理人员是否对关键性工序进行旁站监督、对隐蔽工程履行验收程序、是否进行日常巡视及平行检验。应用随时抽查、阶段性检查或持续性监督的方式，监督机构可以“双随机”式的抽查总监、专业监理和现场监理对相应法律法规及规范规定的应知应会情况。

加大监督抽查监理人员对施工现场发现的质量安全问题的及时提出、要求整改、及时上报的情况。强化监理人员的质量安全意识，努力尽职尽责，履约好监理行为。杜绝监而不理或理而无效的情况，努力克服强势业主的制约及监理单位的责、权、利不对等情况。

3. 对勘察设计单位的建议

企业化监督机构和群众加入工程图纸的查验环节，打造一种竞争局面，这样有利于图纸的完善性和全面性。监督机构强化监督勘察设计单位是否进行了符合强制性规定的勘查设计工作。涉及市政给排水工程的主要有地质勘查、出具勘查记录、确定地质条件，以及设计单位进行设计交底等工作。如某工程的工程地质就是微风化岩石，属于较坚硬岩石，开挖难度大，且设计开挖基坑最深处达 6 米深，施工危险系数高，属于超危大工程。需由勘查单位出具相应地质报告后，施工单位编制专项施工方案，组织专家论证工作，监理单位完成对方案的审批审核工作。

第八章 海绵城市理念在设计中的应用研究

第一节 海绵城市建设要素

一、海绵城市的概念

海绵城市，顾名思义，就是城市经过竖向空间的规划，城市大排水规划设计将原先的城市建设成海绵一样，打破传统市政道路设计规划，不再将道路雨水只能通过硬化路面上的雨水口收集到排雨水管道中，而是采用全新的概念，使得降雨时，雨水通过海绵城市的低影响开发设施来吸收后存起来，在经过渗透而将雨水净化，这样就可以将雨水转化为地下水，在需要地下水的时候就可以将其释放出来，这样就起到调节水循环的目的，达到人和水和谐一体。

二、海绵城市建设要素

（一）海绵城市——渗

在城市化的建设过程中，传统城市道路都以硬面铺装为主，使得原先的自然水文被破坏，而海绵城市的建设理念是大不相同的，使用低影响开发措施来替代原有的硬化路面。这样就能够达到海绵城市的渗，可以将雨水落下后通过海绵城市的低影响开发措施来渗透地下水当中去，可以补充地下水的不足。同样在渗透的过程中，可以将雨水净化，屋顶上也可以安放绿地，使得落下的雨水被净化，可以收集雨水做生活用水，达到节水的目的。

1.透水景观铺装

城市建设过程中，传统的绿化地区所使用的铺装，一般都是类似于硬化路面所使用的硬化铺装，而根据海绵城市所使用的渗的理念，景观地区使用的是透水景观铺装，能够更好地将雨水渗透下去。

2. 透水道路铺装

在城市化不断发展的进程中，我国个人拥有车辆率也是不断上升，由此造成的城市建设过程中越来越多的用地面积为交通设施服务，路面越来越宽，道路越来越多。如今统计表示，传统的城市建设中道路竟然占了整个城市面积的十分之一到四分之一。道路成了硬化地面的大头，所以根据海绵城市理念，首当其冲需要将道路硬化路面改进为透水道路铺装，也就是道路透水混凝土。

3. 绿色建筑

传统的城市建设中，房屋屋顶多为硬化屋顶，雨水下落到屋顶之上多会顺着瓦面流下来，屋顶面积所占城市建设面积的比率不容小觑。所以，屋顶雨水同样重要，而绿色建筑理念是将屋顶建设成绿化屋顶，雨水下降到屋顶会经过绿化屋顶的渗透、过滤、净化，净化之后可以通过屋面水沟引流到蓄水构筑物来进行收集和储蓄

（二）海绵城市——蓄

什么是海绵城市的蓄呢？就是将下落的雨水蓄积起来。在全球水循环的过程中，雨水是重要的水资源来源，所以我们要做好雨水的蓄积，但是蓄积过程中不能破坏原有的生态，否则会积水成灾，设计过程中要充分考虑到原先的自然本底情况。

1. 蓄水模块

蓄水模块通常指的是雨水蓄水模块，是一种可以储存水的装置，这种储水装置通常需要用防水布包裹埋藏在地下，在蓄水模块内部需要设置好进出水管、水泵和检查井才能使用。

2. 地下蓄水池

储存雨水还可以使用地下蓄水池，地下蓄水池不同于蓄水模块，是建造于地下的一种蓄水结构。

（三）海绵城市——滞

海绵城市中滞的理念，就是指能够将雨水滞留住，减少雨水径流量。比如通过地形地貌条件的改变，雨水流经设施时，能够减少流速和流量。

1. 雨水花园

雨水花园是指在周围有绿草地区域，在草地内部栽植花花草草，使得雨水流过雨水花园时，经过花园的根部时会起到滞的作用，雨水中有的离子还可以被雨水花园所吸收，雨水花园的底部还可以蓄积雨水。

2. 植草沟

植草沟不光具有像雨水花园的截留雨水中污染物的功能，还可以减小雨水的径流量和输送雨水的功能。

3. 雨水塘

雨水塘通常是利用现有的池塘或者是天热蓄水池来进行建造的。一般为雨水流经路径的最后一处。在雨水塘护坡的地方需要种植一些耐湿的植物，当雨水塘的水深超过 60 公分的时候，在雨水塘的护坡周围还要种植一些灌木。种植一圈，类似于篱笆的形式。

（四）海绵城市——净

雨水流经的每处低影响开发设施都会对雨水起到净化作用。所以说，将雨水储存起来历经一些净化，最后返回到城市中来使用。依据收集区域的不同，往往将净化体系划分为三种类型，即人口相对密集的居住区净化、以科技园区和高新开发区为主的工业区净化，及公园、郊外为主的市政公共区域净化。另一方面，根据净化方式的不同也可分为利用土壤渗透原理的土壤净化、人工湿地及生物净化。当雨水落地时，绝大多数的雨水都会下降到土壤中去，雨水收集的时候，也会进行雨水净化。

1. 人工湿地净化

根据雨水净化前水质的不同，也就是净化程度的不同可以将净化的过程分为两个部分，分别是初级净化池和次级净化池。初级净化池净化的水是未经过土壤渗滤的，次级净化池净化的水是已经经过土壤渗滤的，经过两次净化的水可以排到下游的清水池中去。

2. 居住区雨水收集净化

居住区雨水收集净化指的是在人们生活的小区内的雨水收集、净化、储存系统，收集过后的雨水可以经过再处理用作绿化灌溉用水或者冲厕、洗车。

3. 工业区雨水收集净化

工业区不像居住区那样有许多的绿化面积，硬化路面和建筑较多，在还有工业区的工业运作的时候是否有工业废水，或者是雨水下落后被工业污染物给污染了，所以工业区雨水收集净化需要特别关注水的净化部分，海绵城市理念的绿化园林部分对被工业污染的水进行净化之后，雨水在历经第一次净化后再进行土壤下渗过滤净化之后流到蓄水池，也可以用作绿化灌溉等等作用。

4. 市政公共区域雨水收集净化

与前面介绍的两种区域不同，市政公共区域有着地形复杂、绿化丰富的特征，在雨水收集净化方面有着较多的特殊性。绿化面积较大、天然水体和不同山体的复杂多变的地形。还是雨水的经历过程，收集到净化再到储存，不过在调蓄过程中，需要建造调蓄池，净化收集后的水可以用于补充河流和湖泊的水源，也可以用作绿化和冲厕[25]。

（五）海绵城市——用

雨水在经过了收集、净化、储蓄的过程后，雨水最终还是要用起来，不然收集的雨水就毫无作用了。不仅仅是缺水地区，包括丰水地区，都需要强化雨水收集利用的理念，这样可以缓解洪涝灾害的冲击，也可以利用雨水达到节约用水的目的。

（六）海绵城市——排

将收集的雨水用掉，之后的水就可以排出了，水积存起来会涝，所以要排。城市建设规划中，排水规划是很重要的一个部分，需要结合城市的竖向规划来实现。结合城市的天然河道与湖泊来综合考虑排水规划与海绵城市设计。避免降雨过大时产生内涝[26]。

第二节　海绵城市理念概述

从最近几年的实际情况来看，海绵城市已经成为如今生态城市建设过程中一个十分热门的话题。在国内海绵城市被频繁地提及，可以说它是径流处理的一种反应。其形成的根源主要可以分为三个有效的阶段。

早在 20 世纪 70 年代工程师首次提出通过修建深隧道的方式将雨水推迟入海、提高雨水利用率的问题。并以深埋隧道和水库的综合利用，形成城市雨水管理实践出“海绵城市”的先进理念，这种方式有效地解决了城市雨洪问题上可能遇到的灾害。

而第二个阶段就是在 20 世纪 90 年代末期，在城市雨水管理研究的相关基础上提出了第二代雨水管理的概念。其主要管理理念是以源头抑制为自身的实践管理点，主要措施是对本城市建筑物屋顶进行有效的改良，对一些储水的建筑或者设施进行相应的改造和完善等。

随着最近几年研究的不断深入以及相关技术的不断完善，已经逐渐将两种观念中最为先进的思想融为一体。新的观念就吸取了两种观念的精髓，所得的结果是最适合发展现状的。而这也就是海绵城市的相关理念，所谓海绵城市就是在必要的时候可以对外界有良好的吸纳能力，对城市雨水进行功能性综合利用。从本质看，海绵城市能够使得城镇化与资源环境达到协调发展，这也是科学发展观当中对水资源综合利用的体现。

一、海绵城市建设概述

从环境综合开发的意义理解，海绵城市主要是指最大程度上对自然水文条件的相关原理进行有效的研究，采取对源头进行管理的方法，这样一来，既可以对一些水涝进行环境整治，而且经过处理的雨水等可以进行再利用。这种措施在现实中是经常使用的。在实际操作过程当中，一般运用的方法就是绿色屋顶等，这些方法和景观环境有着千丝万缕的关系，同时其占地面积相对来说比较少，整体的造价比较低，可以有效地对城市发展与保护自然环境之间的矛盾进行有效的改善。其次就是雨水采集。在正常情况下，雨水降落后就随着地表流入到江河湖海当中，没有被好好地利用，所以可以使用一些可以储水的建筑等对降落的雨水进行采集，再对这些雨水进行综合利用，从而最大程度上达到节约用水的目的。这产生了积极的影响，不仅可以控制水涝，还可以使地下水水量增加，可以减少水污染等。追加管理措施，主要是指所有能够降低污染率的手段，通常而言，这些手段中最频繁使用的就是对污染进行预防和对水涝进行治理的相关工作。

（一）海绵城市建设的意义

1. 给城市筹划注入新的生命力

在以往对雨水的处理中，经常使用的方法就是将雨水以最快的速度分散开来，再在终点将其集中，这种方法极有可能产生内涝。假设排雨水的时候是以管道作为输送媒介的话就有可能产生另一个问题，那就是雨水中的固体物质随着时间的推移会越积越多，最终就可能堵塞管道。这样又会带来内涝。所以，为了解决这些情况，就需要引入一个新方法，那就是使雨水下渗的能力变强，从而缓解内涝等问题，或者将雨水进行处理，获得雨水的有效再利用。在实际应用中，所有的地区都有不一样的情况，所以就不能采取一样的方法去治理。应该根据地区的情况寻找出合适的方法。要在一些雨水容易集聚的地方建设一些储水建筑或设施，就地进行雨水的处理净化。以往，在城市中都是使用一些原始的方法来排水，而现在这些方法已不能满足实际需要，且存在较大的弊端，所以需要引入更多的先进的新方法来排水。

2.减少内涝发生的概率

城市在刚开始建设时，为了长远地发展考虑和交通的便利都会选择建立在水边。所以这也带来了一个不良的影响，那就是会经常发生内涝。如果海绵城市建设完成后，各种手段被启用，那么城市发生内涝的概率就会降低。而由于治理内涝而产生的费用也会下降，可以说是一举两得。

3.寻找其他可利用的水体

为了彻底解决水资源缺乏的相关问题，除了在日常生活中需要节约用水外，还需要找到更多的可利用的水体。海绵城市的理念就是可以减少水质受污染，并可以有效得让雨水资源被使用。

4.可以美化城市

很多城市为了谋求发展，为了获得更多的利益，大量兴建工厂，这使城市的空气污染日益严重，也使城市的绿化面积减少，植被量减少。海绵城市在进行建设的过程中会充分地考虑在美化环境的同时起到净化环境的作用。既解决了原有的问题，还为城市带来了新面貌。

举个例子，在浙江兴建的海绵城市，在实行过程中，把各种因素进行了综合考虑，建设出了有利于人们生活生产的新兴城市。在城市里有优美的景观，有新鲜的空气。人们更加乐于在这样的城市中生活和发展。

5.降低建设成本

从建设成本上看，海绵城市水资源的综合利用大幅度地降低了建设成本。

（1）一是能够降低经济支出。因为该建设工程对原有水系的利用度极高，所以在建设过程中对现代建筑材料的使用就减少了，经济支出也就降低了。

（2）在城市中由于排水不畅，会经常地出现内涝，所以就需要支付很大的费用来治理。海绵城市建设就是为了有效减少内涝发生的概率，城市在内涝的治理的费用也就从而降低了。

（3）海绵城市可以有效地融入原有景观中，这样一些设施的建设就不需要了，所以费用也有效地减少了。总体上来说，海绵城市的建设使得人民的满意程度和幸福指数直线上升，所带来的经济效益也是十分巨大的。

（4）生态作用。根据相关数据表明，国内水污染的情况极其严峻，绝大部分城市的水资源都被污染了。为了解决这种情况，海绵城市的作用也就因此体现出来。它不但可以让城市的环境变得更好，创造一个更加美丽的城市。而且它可以提高绿化的覆盖率，为城市增添更多的绿色，可以减少水泥等的覆盖。水泥等的覆盖率减少了，那么雨水渗入地下就更加容易，这样地下水的含量就会增加。而且，有了“海绵城市”的帮助，雨水可以得到再利用，可以用做工业生活用水等，进而对环境产生积极地影响。

（二）海绵城市建设原则

在住房城乡建设部2014年编制下发的《海绵城市建设技术指南——低影响开发雨水系统构建（试行）》一文中提到海绵城市发展需要遵守五项基本原则是规划引领、生态优先、安全为重、因地制宜、统筹建设。

把自然生态与人工措施有效的结合，保护水资源的安全。经过对雨水合理的再生利用，从而节省水资源并促进城市生态环境的良好建设。一个建设项目想要发挥它的作用，必须提前准备好策划方案，特别是详细知晓城市水源的分布情况。在现实生活中，我们要合理利用海绵城市发展的具体情况，策划充分，不断发展策划的指导和把握趋势，充分体现出策划的合理性和科学性。海绵城市的发展方向主要是依靠生态环境的良好运行而不断更新维护的。城市的发展要重视保护生态环境最脆弱的区域，如河流、湿地、湖泊等，要首选自然排水方式，完成雨水的积聚、渗透、净化，巩固河流水生态系统的自然修复功能，保障城市良好的生态平衡。洪涝灾害的频繁发生冲击了人们的生产生活。

在发展中将城市基础设施安全性的建设和城市水源质量等安全问题相结合，在海绵城市建设的时候要融入生态环境的建设中一并考虑，需要时刻关注并引起重视，不断保护人民群众的利益不受侵犯，要以社会经济安全发展为要点，采取工程和非工程的举措，增强影响小地开发设施质量的发展，减小危险程度，提高防灾减灾能力，维护城市水源的质量。中国国土面积辽阔，不同地区有不同的发展，在海绵城市发展时我们要因地制宜不断依据各地的不同发展给出不同的设计方案，我们要重视当地的人文环境和经济发展情况，策划出科学的文案，然后综合所有因素不断确定海绵城市的建设目的。在同一城市发展不同的项目，根据不同的历史和方位在策划和设计中也会出现不同的科学方案和技术指导。海绵城市的发展也需要去面对很多不确定的因素，它涉及的范围很广。需要有统筹规划、设计、施工、监测、运营、维护等建设的各个环节，统筹规划建筑、市政、园林、水利等专业的要求，统筹规划好近期任务跟远期任务之间的关系，全面合理利用布局和竖向设计、调节等。

（三）海绵城市建设设计要求

海绵城市建设的设计要求为：从源头上减排、减少绿地的灌溉水量、将雨水链等方式收集、引导雨水进行贮蓄或下渗。其核心是自然为主、工程为辅。海绵城市建设的“六字箴言”：渗、滞、蓄、净、用、排。其包括了建设海绵城市的主要技术方法。

渗：在道路、广场等地多使用透水性较好的材料，提高源头径流下渗，缩小地面径流。

滞：通过减小雨水汇集，推迟峰值出现的时间，有利于降低洪涝灾害出现的概率。

蓄：可以将雨水径流量降低，又能为雨水再次使用提供有利条件。

净：使用多种渠道对雨水实行净化，缓解水污染现状，水环境得以改善。

用：对收集净化处理后的雨水进行再利用，提高水的利用率。

排：综合传统排水设施，对海绵体系不能消纳的雨水进行导排。避免内涝，维护城市的安全运行。

（四）海绵城市建设相对传统建设的优势

1.发展观念不一样

传统的城市发展趋势是介于“快速排除”和“末端集中”控制的规划发展理念，而海绵城市则是以“慢排缓释”和“源头分散”控制为主要规划建设理念的，它追求城市人文稳定；两者存在着明显差距。

2.和自然的相处模式也不同

传统城市建设比较重视对自然的最大限度利用，善于挑战自然和改善自然。而“海绵城市”建设比较重视的却是人与大自然共同发展，在合理地开发理念指导下不断发展城市。

3.建设的关注点不同

传统城市建设很注重管道、照明等硬件设施的建设，却没有重视生态平衡的发展，这就导致了路面径流量增多，城市内涝比较严重。而海绵城市建设却比较重视对生态环境的保护和注重基础设施的建设，重视“海绵体”的营造，减小城市内涝发生的可能性。

综合以上比较，海绵城市理念相比传统城市建设理念拥有更多的好处，传统城市建设赶不上时代的发展趋势和不能够完全适应社会的可持续发展，我们要注重改善原有的建设理念。建设理念要与时俱进，重点改善不合理的城市建设，科学地设置城市布局，用生态城市的理念指导现代城市建设。传统城市建设与海绵城市建设需要和谐地发展，粗放的城市建设对生态环境的破坏性极大，所以改良传统城市建设是必要的发展方向。

二、海绵城市发展现状

习近平总书记指出："绿色发展，就其要义来讲，是要解决好人与自然和谐共生问题。"针对我国目前海绵城市建设的现实困境与发展趋势，依据绿色发展理念的基本内涵要求，提出如下几方面对策建议：

以人才为核心支撑，统筹城市规划与科技创新，形成良性闭环。海绵城市建设不仅要求以生态为底色科学规划，根据资源环境承载能力调节城市规模，不断完善城市绿色发展的顶层设计，更需要突破建设运营过程中的种种技术难关，形成从城市规划、实践运营到效果反馈的完整系统。而打通上述关键的核心支撑要素就是专业人才，特别是要充分发挥顶尖人才在理念引领与实际建设中的主导作用，形成专门人才主导建设、建设过程锻造人才的良性闭环。海绵城市建设涉及城市规划、给排水、风景园林、环境科学与工程、工程管理、互联网、材料学、经济学、自动化和机电与控制等诸多专业，这样的特殊性就需要复合型的专业人才和多学科合作的人才团队，有效的跨学科队伍建设和完善的职业发展体系是稳定和壮大海绵城市专业队伍的前提和保证。因此，以长远眼光审视城市绿色可持续发展的重要性、紧迫性、艰巨性，致力于建设古典与现代结合、传统与时尚共频、智慧与宜居兼备的未来城市，真正实现人与自然和谐共处，就必须建立起一支以绿色发展理念为引领的专业人才队伍，充分发挥专门人才的主观能动性和聪明才智。

具体而言，首先，我们应加大科技创新投入力度，联合高校、科研单位、研发中心、工程设计及施工单位等，形成相应的科研共同体，打造综合性科研平台，同时加强国际交流，开展关键技术的研发和综合运用；其次，应当建立竞争性的科研管理机制，鼓励各类科研机构和个人对关键技术的创新，鼓励多出高精尖成果；最后，应当推进产学研合作，及时将科研成果进行转化和工程实施，不断提高海绵城市建设能力。

建立绿色海绵产业，加快相关标准规范和相关政策法规的制定。加强海绵城市建设，既需要强有力的技术支撑，也需要比较完整的产业作为基础。2019 年 2 月，国家发改委正式将海绵城市作为基础设施绿色升级大类列入绿色产业目录。这是我国发展海绵城市绿色产业的重大契机，需要我们以先进理念为指导，强化整体性思维，在生态技术、绿色设备、智慧监管、循环经济、水文化和公众消费习惯等方面，集各专业百家之长，形成各领域八方呼应、协同推进的整体合力，进而建立一个完整的上下游产业链。这个链条从技术开发到雨水收集设备创新，再到运营管理，环环相扣，产生聚合力。

我国海绵城市建设尚需要加快制订适合本地区城市发展特色的、可操作监管的建设规范和验收运营标准。为此，应当因地制宜，结合城市自然特征及工业、农业、交通、水利、电力等行业的发展特点，在国家规范指导之下，制定各地区海绵城市的设计规范和建设标准，使海绵城市的规划、设计、建造和管理在走向规范化和产业化过程中有章可循。作为海绵城市建设发展的重要抓手，法律法规发挥着监管和保障作用。只有建设规范与监管力度协调并行，才能使海绵城市的建设蒸蒸日上。

以人为本，增强公众海绵城市建设意识，做到政府与公众良性互动。海绵城市建设是一项绿色工程，更是一项关系人民福祉的民生工程，公众意识、公众接收度与公众参与机制等对于海绵城市建设至关重要。人民群众能够积极主动参与到海绵城市的建设运营之中，并切实感受到海绵城市建设的实际效果，从而真正成为海绵城市的建设者、见证者、管理者、受益者，这对海绵城市建设具有重大意义。一方面，我们需要在政策法规层面开出一条“自下而上的”公众参与途径和渠道，设置公众参与组织的部门机构，明确责任主体、参与流程、方法手段，让公众参与有法可依，有据可循。另一方面，政府部门要继续自上而下倡导绿色发展理念，积极主动打通社会各界建言献策的层层关节，定期发布海绵城市建设进度公告等，让信息公开化、咨询透明化、权力阳光化。积极向人民群众开展宣传教育，讲清说明与人民群众生活密切相关的海绵社区、海绵公园、海绵道路、海绵广场、海绵建筑的优势特色，推动海绵城市理念的科普活动走进街道社区、走进学校课堂、走进媒体网络，让海绵城市理念更多地获得人民群众的理解和支持，进而齐心协力共同建设自己的美丽家园。

三、海绵城市理念的应用

（一）海绵城市景观设计的功能

1. 防洪排涝

大多数城市的发展都离不开滨水区，和谐的滨水环境往往人口密集。城市滨水景观可以有效避免洪水灾害、保护人民生活安全和城市的安全，具有重要意义。

2. 休闲娱乐

社会不断进步，生活水平的不断提高，人们对生活品质的追求也在不断变化，越来越重视亲近绿色、感受自然，以水资源进行综合性设计运用于城市休闲区中，使身心得到彻底放松起到亲近自然、回归生态的环境体验。

3. 交通运输

在陆运与航运交通不便利的背景，水上交通为人们的生产生活带来了很好的福利，成了古代最重要的交通工具。虽然当今交通运输种类很多，但水上运输业还是人们选择最为普遍的一种交通工具。

4. 文化功能

城市的发展离不开水源的存在。水资源的功能应用，体现了城市独特的文化特点和风土人情，它记录着城市的发展史，发扬了城市发展的文脉，对城市的优秀文化传承具有很巨大的作用。

5. 经济功能

城市滨水区的景观开发得到人们的大力支持，不只是由于它能够改善人们的生活环境，以水资源的综合利用建设的城市，因景观环境的改善而带来的城市滨水区就业创业机会也为城市的发展带来更多的发展机遇。我国上海和南京就是典型的案例，秦淮河风光带和黄浦江岸滨水景观为城市发展带来了很多的经济收益。

6. 生态功能

利用水资源而形成的滨水区能够促进城市生态平衡，更能保持生物品种的多样性。水陆相接之地拥有着复杂的生物构成体系，时刻进行着物质能量的交换，保障了生态系统的正常稳定运行，对改善城市环境有很不错的影响。

（二）海绵景观功能的特性

1.双重性

城市滨水区以自然生态系统为主，也由于舒适的人文环境而具有独特的魅力，吸引了很多游客观赏，所以，城市滨水区具有自然和人工的双重性。

2.人文性

水的文化含义承载着城市的文化精神，城市滨水景观也因此更加富有人文内涵。上海外滩滨水游览区作为上海悠久历史的见证人，目睹了上海一个半世纪以来的沧桑变化。它是人文景观与自然景观的完美融合，是万国建筑的百科全书，还是进行爱国主义教育的优选基地，是上海最著名的一处旅游胜地。

3.开放性与可达性

城市滨水区作为城市公共开放地段，因其独特的地理优势和优美的景观环境，常常吸引着市内外的人们观赏。通过步行、公共交通设施等都可以到达该区域进行休闲娱乐甚至是购物等的大众活动，其开放性和可达性让人不可思议。

4.经济性

滨水区的各种活动场地满足了不同年龄段的需求，推动了城市滨水区成为人们的公共场所，吸引了很多人才和资金的投入。各种有利因素促进了附近商业的发展，拉动了经济的发展。

5.标识性

城市滨水区具有奇特的历史人文景观、自然景观和优越的贸易交通等功能促使它变成城市繁荣发展的主要地区，因此成为城市门户，展现了城市的魅力。

（三）海绵景观的组成

1.水域景观

每一个水域都有本身的不同的特点。就像是水上运动、水的品质和水的形态等因素都影响着水域景观的人文感受。由于水的形态具有可塑性，水形态的不同样式在景观感受中给人以不同的审美体验。

2.陆域景观

陆域景观的最重要的组成是人为景观，人为景观还包含着水域旁边的人造建筑物、自然建筑物、建筑童话、天然走廊等，它的创造者根据城市的历史文化和传统习俗，结合现今的经济、政治状态来设计城市建筑。

（1）物质性要素。

①植物。植物有树林、草坪、青苔等。一个地区的植物景观创作，要先了解不同植物的不同的生存习性。我们要把植物的特点和城市风格的特点结合起来，打造一个美丽的植物景观世界。

②生物。陆地上走的、水里漂的、天空中飞翔的一切动植物在城市建设景区中都占有一席之位，它们的存在都保证了自然生物圈的正常运行，为生态系统流入了鲜活的生命力。游玩的人们在看游鱼、赏花、逗鸟等活动中感受城市中的自然风景的乐趣。

③地形地貌。平原地区的城市地势平坦、水域面积丰富、开发创造方便，还有平原丘陵结合型和丘陵型。丘陵型的地形很复杂、道路建设开发很困难，但是一旦开发好，所形成的景观是很特别的；只要有好的开发方案，合理利用资源，平原和丘陵结合型也会形成非常不同的景观。

④构筑物类。滨水空间的组成物有避风亭、走廊、水上桥等。服务性的建筑风格和其他建筑的风格也应该是相符合的，例如公用厕所等，它的建筑风格、颜色对城市建设、景区的建设都有很大的影响。服务性的建筑的合理规划可以吸引更多的游客，我们可以这样说，一个景区的公共服务设施如何，这个景区的建设水平就是如何的。

（2）非物质性要素。

①历史文化要素。城市滨水区一直都在随着城市的发展而不断发展，它聚集的是人类从原始社会到今天的文化、习俗的传承和发展，它是人们争相开发建设的地区。当今社会人们对城市景观区的规划开发建设都在细化，首先从考察、规划、设计方案等开始入手，而不是随意地开发，不管不顾地改造。我们在建设中越来越理性化、科学化，把当地的风俗和文化都加入了景区规划中。

②人文活动要素。城市滨水活动的参与者主要是——人类，人类为城市滨水景观环境创造了不同的生命力。除此之外，滨水景观也为人类提供了许多进行锻炼的场合。

第三节　海绵城市理念在市政给排水设计中的应用

一、海绵城市理念在市政给排水设计中的重要性

（一）保护城市生态环境

城市的快速发展与扩张带来了很多环境污染问题，其中水污染是一个尤为突出的问题。建成区普遍下垫面硬化程度高，不透水地面能够累积如垃圾残渣、重金属悬浮物等污染物，当出现降雨时，这些污染物随地表径流冲刷到受纳水体，严重影响水体水质，造成水环境的恶化。

为了改善城市的水环境，海绵城市理念被提出，海绵城市是指通过源头消减、过程控制和末端处理等手段，减少对环境的危害，改善城市的水体环境的城市规划和建设理念。海绵城市理念的核心是“源头控制、过程治理、末端处理”，在这一理念的指导下，城市可以在水文特征基本不变的情况下，实现水环境的净化和改善。通过采用分散式处理方式，如雨水花园、雨水池、湿地等，降低排水系统的负荷，同时增加城市绿地覆盖率，提高城市生态环境质量。

在设计过程中，应充分考虑城市生态环境因素，遵循“源头控制、过程治理、末端处理”的原则，完善给排水系统，减少水污染。例如，在城市规划和设计中，应考虑水资源的保护和利用，避免水资源的浪费和污染。在建设过程中，应选用环保型材料，减少污染物的排放。在运行维护中，应加强监测和管理，及时发现和处理问题，确保排放水质符合要求。

（二）提高雨水资源利用率

随着城市化进程的加速，城市面临着越来越多的自然灾害，其中包括洪涝灾害。为了应对这些问题，海绵城市的建设应运而生。海绵城市是一种通过模仿自然水文循环系统来改善城市水环境、提高城市生态系统服务功能、增强城市自身适应能力的城市规划理念。在海绵城市建设中，排水工程体系是至关重要的一部分，传统的城市排水系统是快排模式，雨水落到硬化地面只能从管道里集中快排，雨水排得越多、越快、越通畅越好。

而在海绵城市中，通过改良排水工程体系来提高城市的降水抗洪能力，增加储水量，集中处理并回收利用雨水来实现水资源循环利用，以促进城

市的可持续发展。这种处理方式不仅可以减轻排水系统的压力，还可以减少对城市水资源的消耗。海绵城市通过建立分散式的雨水收集、处理和利用系统，来改善城市水环境。这些系统包括绿地、雨水花园、屋顶绿化等，这些系统可以通过收集雨水来增加城市的储水量，从而提高城市的降水抗洪能力。这些系统也可以通过集中处理和回收利用雨水来实现水资源的循环利用。海绵城市建设还可以通过一些其他的手段来促进水资源的循环利用，比如回收利用城市污水，将其作为灌溉水或者是工业用水重复利用。这样的处理方式可以有效地降低城市水资源的消耗，并且可以减少污水排放对环境造成的影响。

（二）提升城市空间利用率

随着城市人口的增长和城市化的加速发展，城市居住面积变得越来越拥挤。这给城市基础设施建设带来了很大的压力，城市给排水系统是一个非常重要的方面。海绵城市理念被提出并广泛应用于城市规划中。它通过自然生态系统的模拟来实现城市水资源的可持续利用，减少排放污染物的数量和降低洪水的风险。

在海绵城市中，城市给排水系统被设计成一种集成的系统，其中包括自然地面、绿色屋顶、雨水花园、生态湿地等。这些设施可以收集、处理和重复利用雨水，减少了城市排放污染物的数量。

此外，海绵城市的另一个优点是可以减少排水管道和设施所占用的土地面积。传统地排水管道和设施往往需要大量的空间，这会影响城市的基础设施和生活质量。相比之下，海绵城市采用了一些更加紧凑的设计，使排水系统能够更好地融入居民生活和基础设施中。在传统的城市排水系统中，雨水往往被直接排放到河流或者海洋中，浪费了宝贵的水资源，而在海绵城市中，这些雨水可以被收集和利用，用于浇灌绿化带和花园，或者作为冷却水。这种综合利用的方式可以大大提高城市水资源的利用效率。

（四）提供科学指导意见

海绵城市的建设成了一种全新的城市水管理模式，其核心理念是在城市地貌的基础上，通过采用多种技术手段，如渗、滞、蓄、净等，实现城市水资源的存储、净化和利用，使排水系统在面对降水变化和洪涝灾害时具有弹性作用。

在海绵城市的建设中，关键是要将城市的给排水系统进行改造和优化完善，一方面，需要通过规划设计，将城市中的蓄水区、渗透区、生态修复区等区域划分明确，并在其中设置相应的设施和建筑，如蓄水池、雨水花园、屋顶绿化、景观湖等。另一方面，需要优化完善城市的废水积水排放方式，避免造成环境污染和公共卫生问题。

海绵城市建设的核心目标之一是实现水资源的循环利用。通过多种技术手段，如雨水收集利用、地下水补给、水资源净化和回用等，可以将城市中的雨水、废水和地下水等水资源进行有效的管理和利用，最大限度地减少水资源的浪费和污染。

二、市政排水设计中海绵城市理念应用

（一）海绵城市理念下绿化带的设计

通过对绿化带进行合理设计，可满足利用绿化带蓄水和渗水的综合处理方案。为了确保可以利用绿化带的收集口收集到雨水，需要设计下沉式绿化带，即绿化带的标高低于路面 15 ～ 20 cm。要充分考虑雨水的储存和排放，雨水的收集口要确保分布均匀，并且其高度要在绿化带与路面高度之间。设计绿化带水体过滤时，要科学铺设种植土与砾石层，规范安装渗透管，科学设计溢流系统，保证雨水与排水管道的有效连接。在海绵城市理念指导下，合理的绿化带应具备聚集雨水、过滤水体、滞蓄减排和排解积水的作用，保障城市水循环的健康运行。

（二）加强给排水管线布设

在给排水系统的设计中，管线布设对于后期给排水系统的稳定运行有着重要影响，因此在给排水系统设计的过程中就需要确保管线布设的合理性。在给排水设计开始前，相关设计人员需要对建筑施工项目进行现场勘查，了解各部分的结构特点及其他管线的布设，在给排水系统的管线设计中需要重点关注各类管线的交叉作业及隐蔽工程，保障设计方案各个细节的完善。在给排水施工过程中，施工人员也要加强对给排水管线的重视，如果在施工过程中遇到与设计方案不符的情况，则需要及时进行沟通，针对问题及时找到合理的解决方案，确保在后期的使用过程中给排水系统的各项功能能够得到有效发挥。

（三）渗透技术的运用

生物滞留设施包括生态树池、雨水花园等，他们是渗透技术运行的主要载体，主要是由透水土壤、材料结构以及植被组成，能够有效输送、收集雨水，还可以对雨水进行初步净化。在该设施的建设中，需根据所用植

被的耐淹程度，以及土壤的渗透能力来设计设施的蓄水深度。大多数情况下，该设施的蓄水深度被设置为 200 ～ 300 mm。在此过程中应当额外设置配套的溢流设施，如竖管等，并确保其的顶面高度在低于汇水面 100 mm 处。此外还要注意，如果需要在广场绿地或者是公园构筑该设施，应当提前勘察好地形情况，并根据具体的汇水面积等参数，来设计该设施的形式、规模，以保证设计方案的合理性。在城市建设中，还要使用透水铺装，且按照 CJJ/T 188-2012《透水砖路面技术规程》等规范要求进行建设。在此过程中，应将铺装设置在土基上，从上到下的结构依次是面层结构、找平结构、基层结构、底基层结构。如果铺装下方有地下室，那么则应当将覆土的厚度保持在 600 mm 以上，同时还要额外设置一个排水层。而且铺装结构也要在抗冻、承载力这两个方面满足要求，也要结合实际情况进行评估。若发现透水铺装，可能会导致路基稳定性、强度难以满足使用要求，那么则可以使用半透水结构。

（四）人行道与车行道

人行道与车行道既需要承载安全性与舒适性，也需要对透水性与渗水性进行必要设计，减缓道路积水现象。在材料的选用方面，设计人员应当优先选择例如陶瓷生态透水砖、透水沥青混凝土等具有较强渗水效果的材料，只有对这些材料进行充分合理运用，并严格依照施工设计方案要求进行路面施工，才能够保证在雨水季节时城市路面不会产生大面积积水，不影响行人与车辆通行，减少安全隐患。在道路边坡的选择上，应综合考虑实际情况，道路方向设计应有效减少地表径流，道路边坡的设计应保证雨水能顺着坡自然进入排水系统，最后雨水经排水系统集中处理并净化回用于城市清洁和绿化作业，实现水资源的回收利用。

（五）城市绿地衔接排水设计方法

通常情况下，城市道路工程周边均有一定面积的绿地，所以在道路排水系统设计过程中，要做好绿地与道路工程衔接处的设计工作，使雨水排放达到良好的分流效果。在引入海绵城市设计理念时，设计人员必须充分掌握道路工程实际情况，并根据不同区域的情况，针对性地选择绿地衔接方式。例如，针对水资源短缺的区域，一般对雨水的需求量相对较大，设计人员可以充分利用排水管的作用汇集、储存雨水，使雨水净化后能够得到充分利用；针对雨水较为充足的区域，对水资源的需求量相对较小，设计人员可以通过净化技术对雨水进行处理，而后释放到绿地中，实现调节径流洪峰的目标。在此基础上，设计人员还要充分考虑道路工程周围径流污染问题，可以通过设置花园、种植草沟等方式，对各种污染物进行拦截，使雨水净化后流入绿地，有效降低径流污染率。

（六）管理与维护

除了基础设施的设计与建设之外，还要加强给排水系统的管理与维护，日常监测系统运行安全，对损坏的设施进行及时修护，在极端天气到来前及时做好相应应急方案，确保给排水系统畅通。要日常对给排水管路进行清理，以防树叶，垃圾等堵塞管道。要对排水口进行安全防护，以免造成安全事故。要结合城市发展规划的更新步伐，对排水管道系统进行重新设计以适应不断变化的需求。可以将海绵城市建设与人工智能算法相结合，通过大数据对比，各地的降雨均呈现显著的规律性分布，将降雨数据分析并应用到具体地区的防御环节当中去。要加强对相关管理与维护人员的职责培训，给排水系统是人民健康生活的重要设施基础，与人民生活息息相关。

三、市政排水设计中海绵城市理念的应用方式

在市政排水设计中运用海绵城市理念时，为了更好地优化海绵城市理念的应用效果，设计人员必然还需要在切实优化传统市政排水管道设计方案的基础上，综合运用多种海绵城市理念指导下的相关方式和手段，以此成为市政排水系统的重要辅助路径，其中比较常用的方式有以下几种。

（一）绿化带

市政排水设计中海绵城市理念的融入可以借助于绿化带，绿化带在雨水滞留、下渗以及存蓄方面的作用不容忽视，设计人员应该予以充分利用，促使其缓解市政排水压力。基于此，未来城市应当在恰当位置合理布置绿化带，尤其是城市道路两侧区域，设计人员更是应该在空间允许的条件下，充分布置绿化带，促使其对雨水进行截留，避免大量雨水直接涌入地面雨水井口，产生较高的排水难度。在绿化带设计时，设计人员应该优先选择一些根系较为发达，吸水以及蓄水能力较为突出的植物。当然，为了更好促使绿化带发挥出理想的市政排水系统的优化支持作用，设计人员还可以充分借助于下沉式绿地方式，促使雨水可以更好汇聚到相应绿化带中，由此进一步提升绿化带对于雨水的作用，保障其雨水滞留、存蓄效果，可以更好服务于市政排水系统。

（二）透水路面

海绵城市理念在市政排水设计中的应用还需要高度关注路面的改进，透水路面的构建往往能够更好地实现雨水的充分下渗，可以作为重要的排水通道，有助于解决原有路面中存在的严重积水问题。在透水路面构建中，无论是人行道，还是车行道，往往都需要从透水性材料选用以及下渗通道的构建入手，保障整个路面均可以作为雨水下渗点。比如在人行道设计时，设计人员就可以优先运用透水砖进行布置，避免雨水在人行道中积存，提升其下渗速度，车行道同样也可以借助于透水混凝土材料，增强其渗水性能。当然，为了更好促使透水路面得以优化运用，设计人员除了要重点关注路面结构渗水性能的改善，往往还需要从路基结构入手，切实提升路基结构的渗透能力，以此确保雨水可以进一步下渗，切实发挥出理想的排水功能，成为市政排水系统的重要补充。

（三）雨水花园

市政排水设计中海绵城市理念的应用还可以借助于雨水花园，这也是现阶段城市发展中比较受重视的要素。在雨水花园构建应用后，不仅仅可以发挥出理想的观赏作用，也能够更好提升其对于雨水的处理，有助于更好提升排水辅助作用。具体到雨水花园构建中，为了优化应用价值，设计人员应该重点围绕雨水花园的结构层进行优化布置，除了合理布置种植层外，设计人员还需要从过滤层、蓄水层以及排水层入手，更好实现雨水的充分处理，保障雨水在该项目中充分滞留和利用，成为市政排水系统中不容忽视的辅助手段。

（四）水体

在市政排水设计中为了突出海绵城市理念的应用价值，设计人员还应该高度关注水体的作用，以便借助水体对雨水进行充分存蓄以及后续利用，达到更为理想的市政排水压力缓解效果。市政排水系统中水体的融入运用首先应该高度关注城市中天然水体的应用，在天然水体边坡中进行充分绿化，使雨水在绿化边坡地净化处理后进入水体，成为水体的重要补充来源，同时避免了这些雨水排放带来的压力。如果城市中的天然水体不能够较好满足要求，还可以在适当位置进行人工水体构建，也可以促使其优化市政排水效果。

第九章　市政给排水规划设计及未来设想

第一节　市政给水排水工程规划设计

一、市政给水排水工程在规划设计过程中的要求

（一）满足居民的日常需求

随着科技的发展和社会经济的增强，城市化的进程也在不断地推进，所以市政给水排水工程在发展过程中便有了更高的要求。为了能够满足居民的需求，市政给水排水工程在设计和规划的过程中，要根据空间的实际状况进行分析和研究，保障城市空间合理利用的同时，发挥市政给水排水工程在实施过程中的整体意义和作用，这样不仅能够推动给水排水工程在游泳过程中的科学性和合理性，而且还能为日常生活提供更多便利的条件，为营造健康良好的生活环境起到良好的推动作用。

（二）满足环境保护的需求

随着城市化进程的加快，以及工业化对我国整体的影响，环境保护的问题成为我国必须重视的问题之一。大部分市政给水排水工程在施工的过程中，由于土方外运很容易造成扬沙的现象，不仅会对城市环境造成影响，而且还会对居民居住的生活环境产生破坏，进而对人身安全造成威胁。所以市政给水排水施工的过程中要根据实际状况以及对周围环境的充分考虑来规划内容和设计，这样不仅可以使规划和设计的内容更加科学，还可以实现环境保护的各项需求，为促进城市积极良好地发展打下坚实的基础，并起到良好的推动作用，也能充分地发挥环境保护技术以及真正实现推动社会可持续发展的主要目标。

（三）满足城市规划中统一协调性发展的特征

统一协调的城市规划作为城市运行的重要基础，不仅能够满足城市规

划中的各项需求，而且还能为促进城市在发展过程中的全方位提升打下坚实基础。在城市给水排水工程实施的过程中，通过满足城市规划中统一协调性发展的特征，可以解决城市给水排水工程实施过程中出现的问题，还可以依照相关的法律法规和制度对发展过程中的技术进行细化处理，避免城市在发展过程中出现相互矛盾的现象。

二、市政给排水工程规划设计的关键及原则

（一）考虑整体性布局

在进行市政给排水工程规划设计的过程中，设计人员必须要遵循整体性原则，站在全局的角度，开展设计工作，要认识到给水系统和排水系统这两者的分工方向。虽然，给水系统和排水系统它们是相互独立的，并负责不同的内容，但是这两者又是相互联系的，应保证较强的协调性，才能共同满足城市发展需求。那么设计人员在设计的过程中，既要考虑整体布局，更要考虑城市的发展方向和现实规划情况，进行科学设计，这样才能保证给排水工程设计的科学性和协调性，进而发挥最大化的功效。

（二）考虑层次性结构

我们进一步深入到市政给排水工程之中，可以明确发现整个工程具备层次性的特点。给排水工程不仅具备给水系统和排水这两大主要系统，还涵盖了其他的子系统，而且子系统又会自成一个体系，具有不可分割的特点。从这一角度出发，市政给排水工程就具备层次性的特点，而且不同层次彼此之间又具备相互的联系，又可以进行相互制约。所以，在设计过程中，设计人员必须遵循层次性的原则，进行科学设计，这样才能最大化地保证最终设计成效。

（三）协调好城市人口和生态环境的关系

在城市建设和发展过程中，市政给排水工程占据了至关重要的地位，毫不夸张地来讲，这就是维持人们和谐稳定生活的重中之重。所以在具体规划设计的过程中，应始终坚持以人为本的原则，对城市人口和生态环境这两者之间的关系，进行积极的协调，确保在规划设计过程中，不破坏当地的生态平衡，在此基础上，进行科学设计，保证水资源的统一调配和应用。还要考虑不同地区所处的不同地势特点，利用得天独厚的优势，进行科学改造和设计，这样才能让人在日常生活之中，最大限度地亲近自然，

进而满足社会可持续发展要求。在城市水系统之中，还需要将节水子系统增设进来，更要加大排污系统的设计，才能更好地满足城市发展要求。

（四）杜绝新污染源、新排污口

在城市化进程不断加快的背景下，各大城市也在不断扩大规模，那么对于水资源的需求也就越来越大，为了更好地满足人们对于水资源的需求，促进社会的和谐稳定发展，那么在进行市政给排水工程规划设计的过程中，就必须要考虑到水资源的开发和利用问题。当下不论是任何一个城市，在供水方面，都处于相对被动的局面，那么就要彻底改变这一局面，将一些现实生活中流失掉的水资源，全部整合在一起，进一步对城市水源进行保护区的划分，然后根据相关规定，对现有的排污源进行适当的清除和关闭，以避免产生更多新的污染源和排污口。在进行市政给排水设计的过程中，设计人员也要在该方面特别注意，避免设计过多排污口，加重城市污染，不利于社会的长效持久发展。

三、市政给水工程规划设计要点

第一点，在对市政给水系统进行规划设计的过程中，设计人员要将眼光放长远，考虑城市的长期发展需求。在最开始设计阶段，就要为城市未来发展预留出充足的空间。举例来讲，在设计过程中，可以针对给水管位进行适当的预留，这样就可以避免后续进行重复性的投资和设计施工，还能为后续城市的扩建发展奠定好坚实的基础。

第二点，为了进一步保证设计的科学性与合理性，设计人员需要将现代化科技应用进来，也就是说，为给水系统的规划设计提供更多的科技支持。例如，对于一部分城市而言，为了更好地满足城市居民用水需求，则可以运用海水淡化技术。又如一部分城市可以选择运用长输管线调用水资源的方式，来满足人们对于水资源的需求。

第三点，设计人员在设计过程中，应明确认识到一点，即便在给水设计方面采取了再多的节约措施，但是真正的水资源节约依据方向是城市居民。那么设计人员在设计过程中，就要大力宣传节水的重要性，确保每一位居民都可以自发性地节水。

第四点，在进行给水设计的过程中，设计人员还要适当设计减压措施，避免出现超压出水的情况，这样就可以实现对于水资源的全面控制，真正地促进城市可持续发展。

四、市政排水工程中雨水系统的规划设计要点

在进行市政给排水工程规划设计的过程中，不仅要做好给水方面的规划设计，更要做好排水方面的规划设计。由于雨水是得天独厚的资源，从这一角度出发，进行排水系统的科学设计，可以很好地满足城市生产和生活需求，还能解决水资源不足的问题。

首先，为了提高规划设计的科学性与合理性，设计人员应率先建立一套完善的设计体系，从城市的特点和发展需求角度出发，进行排水功能系统的初步构建，其中雨水系统占据了关键地位。在城市遇到突发暴雨时，雨水系统可以实现短时间内快速排水，避免城市内涝，避免给人们的交通出行带来不便。在具体规划设计的过程中，设计人员应从城市格局角度出发，选取恰当的位置，进而划分城市降水的排涝区域，然后要将排水闸门和泵站等进行科学设计，这样，就可以很好地满足排水要求，促进城市的健康稳定发展。

其次，在具体设计过程中，设计人员还要积极构建相应准则。该系统的设计并非片面地设计就可以满足现实要求，而是要结合工程学以及多个领域的专业知识，进行全方位的设计，需要积极构建洪水预警监测系统，进而对雨水系统进行最大限度的调节，积极应对洪涝问题，满足市政排水需求。

五、市政排水工程中污水系统的规划设计要点

在进行市政排水工程规划设计的过程中，设计人员需要认识到，污水系统也是非常重要的一项内容。在具体设计过程中，设计人员应对污水的排水区域，进行科学合理划分，不仅如此，还要根据地形情况对原本的污水主干管道和埋深情况进行适当的缩减和调整，进而降低该系统工程的成本投入。污水系统的设计还需要与城市道路规划设计有机结合在一起，在这样的基础上，才能对排水主管道进行科学设计，避免影响到正常的道路通行。从现实角度出发，城市处理污水的过程中，一般会应用两种处理方式，一种就是进行集中处理，另一种就是进行分散处理。其中前者的应用范围更广，根本原因就是在全面集中处理完毕之后，可以很好地实现规模性的调控，那么整体的污水处理成本也会大幅度降低，还能提高污水处理效果。但是从现实情况来看，这一处理方式也存在诸多的问题，例如，前期的规划、设计、投入相对较大，而且越往下进展，整体的管径自然越大，

规划、设计上就需要考虑更多的问题，整体效果不够理想。所以，建设—运营—转让模式应运而生，大部分城市的污水系统设计都会应用该方式，这一设计方式最大的突出之处，就是能对污水进行很好的分散处理，保证处理效果的同时，还能降低成本，避免能源过度消耗。

六、市政给排水管网规划设计

（一）优化设计管线平面

在进行市政给排水工程管网设计的过程中，必须以流水流畅性为出发点，同时要最大化地节约能源，并且避免工程量过大。

首先，就要将设计工作做好。设计人员在对干管支管进行设计的过程中，必须保证整体呈现直线布局状态。与此同时，设计人员要考虑到城市自身所处的地理位置，借助得天独厚的地理优势，在重力流的作用下，确保污水可以通过管道顺利地流入到指定地点。

其次，在具体设计管道的过程中，应尽可能降低埋深，还要避免在中途设置过多的泵站，这样才能避免消耗过多能量。设计人员还要设计出不同的设计方案，进行针对性的对比和分析，最终应用最佳的方案。

最后，在设计过程中，设计人员可以将排水线概念利用进来，将排水的区域和最终出口的节点整合在一起，进而就可以获取到最短路径，此时，设计人员再运用动态规划法，就可以获取最终的数值。

（三）优化选择环刚度

在对市政给排水管网进行规划设计的过程中，还需要特别考虑一个参数——环刚度，具体而言，就是给排水光可以对抗外界压力和复杂能力的综合参数。正常来讲，如果实际的管道自身环刚度比较小，那么就会加大变形概率，还会出现失稳破坏的情况，那么实际选取的环刚度如果过大，就会应用过多的材料，增加不必要的成本。所以，实际环刚度的选择，既不能过大，也不能过小，保证均衡性和合理性，才能满足设计要求。市政给排水管道一般都是埋设在低下，而且不仅会受到土壤本身的影响，实际的水泥混凝土地面也会产生一个很大的作用力，而道路在运行过程中，车辆经过势必也会带来荷载。而管路既要保证承受外界的荷载压力，又要与周围的土壤，形成共同的作用力，所以，设计人员在设计过程中，不仅仅要考虑管材本身，还要考虑城市土壤情况，以及道路实际荷载情况，站在整体的角度进行科学设计，才能满足设计要求。

第二节　市政给水排水工程规划管理

一、市政给水排水工程规划管理的措施

（一）做好前期准备工作

如果想要使市政给水排水工程在规划设计以及施工管理方面提供更多的支持，并且能够使整体的质量和效益得到有效的提升，那么在前期准备工作应该进行增强和完善，这样才能为后期工程的实施打下坚实的基础，并起到良好的促进作用。在前期准备工作中，需要将市政给水排水的设计与城市总体规划相互结合，并将影响因素和环境因素进行充分的考察，这样就可以有针对性地对市政给水排水工程进行合理的规划和设计，并且为减少后期问题的出现打下基础，为促进工程实施的整体质量和效益做出努力。前期工作的完善可以促进施工管理的有效执行，对施工过程中的材料和设备进行制定，保障质量符合标准的施工材料和设备融入施工过程中，这样不仅可以展现材料和设备在应用过程中的意义和影响，而且还可以满足现代化发展的需求，增强施工管理的整体力度。

（二）建立完善的管理体制

完善管理体制可以正确地引导施工过程中各项操作，并且通过对各项操作的细化处理，为提高施工过程的整体质量和效益打下坚实的基础。由于部分建筑企业在施工过程中没有建立完善的机制体系，所以很容易产生施工现场混乱的现象，无论是安全性问题，还是施工过程中稳定性的问题都无法得到保障。通过建立完善的管理机制，针对施工现场发展的真实情况，对管理体系加强制定和规范，这样不仅可以凸显完善管理体制在发展过程中的实践价值和意义，而且还能促进施工的整体质量和效益。例如，通过建立完善的管理机制，可以对施工过程中的技术和方法进行引导，并且也可以规范施工人员在工作过程中的各项行为，防止工作人员在工作过程中出现随意施工的现象。通过按照相关的法律法规和政策对工作内容进行执行，无论是对施工的技术和施工的理念还是施工人员的具体操作都可以起到规范性的作用，可以有效地保障施工人员在工作过程中的安全性问题，而且还能完成施工的具体目标。

（三）健全监督机制

监督机制作为施工过程中的二次审核，不仅能够准确地发现施工过程中出现的问题，并且还能依据问题做出及时的解决，为减少施工过程中不利因素的产生起到积极影响。建筑企业可以设立相关的监管部门和监督人员对施工过程中的每项内容进行不断地审查，并且对管理人员的操作行为也要进行严格的监管，防止施工人员为了减少施工过程出现偷工减料的行为，发挥监督机制在应用过程中的具体意义和影响。对市政给水排水工作的设计和规划进行严格地监管，可以提升施工管理的力度，也能实现市政给水排水工作在应用过程中的重大作用。在加强监督的过程中，可以分为两个方面进行管理。

首先要加强市政给水排水工程中监督的管理，根据我国制定的法律法规和相关的政策对监管的制度进行完善，这样不仅可以提高监管人员的工作，还能对施工人员的工作方法进行严格的管控。通过监督工作人员的施工过程中的综合素质，对施工人员的安全问题起到良好的保障作用。

其次，管理部门也应该加强项目在管理过程中的具体行为。如果发现在工程实施的过程中，出现不合理的现象，那么需要及时向上面报告，并做出解决措施进行管理，这样不仅能够提高建筑质量，而且还能体现监管的作用和意义，确保施工过程中施工人员的安全性和建筑的稳定性。

（四）加强市政给水排水工程规划设计系统的管理

将信息化的技术融入规划设计系统的管理中，不仅可以增强规划系统在管理过程中的具体作用，还能紧随时代发展的步伐，为加强市政给水排水工作的具体实施起到良好的推动作用。在市政给水排水设计规划中不仅包括对处理雨水系统的设计，还包括处理污水系统的设计等，这些设计内容都需要根据整体的实际状况进行加强和完善，这样才能实现工程规划设计系统在应用过程中的价值和意义。例如，在污水设计的过程中，由于城市中的污水量比较大，所以在处理的过程中，需要以人们的生活环境为基础，加强污水系统的设计和建设。通过相应的方法，不仅能够使污水的处理系统功能更加全面，而且还能避免水资源的浪费，对加强水资源利用率，为创建良好的城市生态环境打下坚实的基础。在给水排水工程规划设计系统的过程中，可以通过沉降法或者化粪池分解法等相关的方法对系统进行有效的增强，这样不仅可以对污水进行有效的净化，而且还能展现施工工艺的进步，为推动市政给水排水工程的全方位执行不断努力。

（五）提升施工人员的综合素质

施工人员作为施工过程中的重要力量，其综合素质的高低直接影响施工过程中质量的高低，所以施工人员综合素质的问题对施工的整体影响是非常大的，应该进行相关的培训。市政给水排水系统中，施工人员的专业技术水平可以通过培训的方式进行增强，这样不仅可以提升工作人员在工作过程中的知识理论，还能以此来提高实践理论，促进工作人员在施工过程中专业性技术的提升。在提高施工人员综合素质的过程中，首先企业要明白施工人员综合素质的重要性，这样才能加强对施工人员综合素质培养的意识，以此建立完善的培训体系来规范施工人员在操作过程中的专业性和规范性。

同时，企业在招纳员工的时候，也要招纳一些管理型的人才或者经验丰富的专业人员参与工程进行，这样也可以引导施工人员在施工过程中的积极性，而且也能为培养专业型团队打下坚实的基础，为企业发展和建筑的过程起到改好的保障。通过提高施工人员的综合素质，可以提升市政给水排水系统中整体运行的水平，为实现给水排水系统的全方位应用起到积极的促进作用。例如，为了能够促进员工在培训过程中积极学习，也可以树立一些奖罚制度。同样，也可以建立一些审核制度，以优胜劣汰的方式对技术比较差的员工进行淘汰，为培养高效率的团队进行不断地努力。高效率的团队能够带动工程团队的整体专业水平，发挥高素质施工人员在工作执行过程中的价值和意义。

第三节　市政给水排水工程规划设计设想及建议

制定长远的设计规划目标。对于城市建设而言，由于关乎国计民生，所进行的任何一项基础性建设工程都需要长远考虑。城市给排水系统规划设计也是功在当代、利在千秋的大好事，对此设计人员需要认真研究，做好长远设计规划目标的制定。从城市给水设计规划来看，主要是考虑对水源的保护，平衡区域水资源；而排水设计规划主要是城市防洪排涝，其重点是雨水系统和污水系统规划设计。依托以上目标开展相应的规划设计工作，为建设环节的阶段性任务以及建设要求的确定提供依据。在长远目标的指引下，各项建设工作才能够有条不紊、循序渐进，在科学合理、规范有序的建设道路上终将取得可观的效果。

流域是一个综合性很强的概念，是立足于长远和宏观的高维度规划的思想观念。对于城市给排水系统设计与规划而言，也需要具有长远性和科学性，流域观念的引入对于给排水系统设计与规划有着积极的价值和意义。对此，首先要求相关规划设计人员认真学习国内外先进流域观念的相关内容和要求，并进行解读，及时更新流域观念和做好新技术应用。其次，相关设计人员要将这一观念融入当前的规划设计中，充分认识其重要性，将城市给水排水系统设计与规划研究向更深层次发展。除此之外，要在规划设计中着重考虑当前城市发展的实际情况，找好当前给排水系统设计与规划环节同流域观念的融洽点，实现平稳对接，促进当前的给排水系统建设工作。流域观念是当前城市给排水发展的新思路，也是促进城市现代化发展的重要基础理论，相关工作人员在开展城市给排水系统设计与规划的工作中要予以重视。

城市给排水系统设计与规划不是一个简单的建设性工程，而是城市规划建设中的重要组成部分，在进行相关规划设计工作的过程中，要充分考虑各种因素的影响。作为关系国计民生的重要性工程，设计者要立足于城市发展与规划大局，充分考虑各种因素，如城市的未来规划发展、建设时间等相关因素，充分考虑这些因素影响的可能性，调整制定给排水系统设计规划所需的参数和标准，为后续施工建设的有效开展提供基础性支撑，从而使得构建的城市给排水系统能够在未来城市发展的一个相当长的时间内完全满足城市给排水需求，为城市的现代化建设保驾护航。城市给水设计规划时，重点考虑两点。一是城市水厂集中供水逐步取缔自备水源井；二是城市水源逐步由地下水向地表水进行转换。有效控制地下水资源过度开采，保护地下水资源。在城市偏远地区取缔自备水源井给水设计时，既要保证偏远地区居民的用水水质，还要考虑建设成本。给水设计时，通过考虑就近给水或部分地区连结给水的理念，既保证该地区居民的用水水质，又节约了建设成本。城市排水设计规划时，城市防洪排涝主要是内洪和外洪，内洪主要是以雨水和污水的排蓄和处理为主，而外洪则是以防为主，加强对水库和防洪堤坝的巡逻检查，同时需要注意对生态环境的保护问题。在城市新建时提前做好雨污分流，有条件的旧城可将原雨污合流管道改造成雨污分流管道。在排水设计时，一方面要考虑排水管道设计的合理性，另一方面要注意对工业生产污水的监控。

参考文献

[1] 张敏 . 市政给排水设计中常见的问题与解决对策 [J]. 中国高新科技，2021（21）：153–154.

[2] 胡胜 .BIM 技术在市政给排水设计中的应用研究 [J]. 工程建设与设计，2023（1）：54–56.

[3] 湛浩森 .BIM 技术在市政道路给排水设计中的应用 [J]. 四川水泥，2022（11）：225–227.

[4] 张玺 . 市政给排水管线设计中 BIM 技术的应用探讨 [J]. 科技创新与应用，2022，12（27）：185–188.

[5] 吴静 .BIM 技术在市政道路给排水设计中的应用 [J]. 四川建材，2022，48（9）：213–214，219.

[6] 李威，李丹 . 市政给排水工程设计中节能技术的应用研究 [J]. 低碳世界，2022，12（3）：65–67.

[7] 李楠 . 基于 BIM 技术的市政给排水管线设计及应用 [J]. 工程技术研究，2021，6（24）：157–160.

[8] 高盼 . 城市污水再生回用基础设施优化研究 [D]. 大连：大连理工大学，2016.

[9] 贾利民，林帅 . 系统可靠性方法研究现状与展望[J]. 系统工程与电子技术，2015，37（12）：2887–2893.

[10] 唐子易 . 供水系统可靠性分析 [D]. 重庆：重庆大学，2011.

[11] Keogh M，Cody C.R esilience in Regulated Utilities [M]. Washington，DC：National Association of R egulatory Utility Commissioners，2013.

[12] 杜耘，蔡述明，吴胜军，等 . 南水北调中线工程对湖北省的影响分析 [J]. 华中师范大学学报：自然科学版，2019，35（3）：353–356.

[13] 王艳萍，李菊兰，许有礼．民勤县再生水现状与综合利用分析［J］．科技创新与应用，2020（8）：195–196.

[14] 穆莹，王金丽．几种非常规水资源应用现状及利用前景［J］．科技视界，2020（11）：222–224.

[15] 泰佳，苏齐，白桦．北方某水厂超滤膜化学清洗方式优化研究 [J]. 中国给水排水，2019，35（1）：38–42.

[16] 刘继绕．生态城镇污水再生利用技术路线 [J]. 中国资源综合利用，2020，38（11）：75–77.

[17] 夏鑫慧．面向景观水回用的污水厂尾水优控污染物去除工艺优选及效能 [D]. 哈尔滨：哈尔滨工业大学，2021.

[18] 郭广慧，陈同斌，杨军，等．中国城市污泥重金属区域分布特征及变化趋势 [J]. 环境科学学报，2014，34（10）：2455–2461.

[19] 安米基．城镇污水处理厂污泥中重金属含量及化学形态研究 [D]. 成都：成都理工大学，2015.

[20] 刘安敏．新形势下市政污水处理项目建设和运营管理探析 [J]. 绿色环保建材，2020（3）：25–28.

[21] 郑晓丽．基于模糊层次分析法的造价风险管理研究 [D]. 西安：西安建筑科技大学，2015.

[22] 王虹，丁留谦，程晓陶，李娜．美国城市雨洪管理水文控制指标体系及其借鉴意义 [J]. 水利学报，2015，46（11）：1261–1271.

[23] 邹宇，许乙青，邱灿红．南方多雨地区海绵城市建设研究：以湖南省宁乡县为例 [J]. 经济地理，2015，35（9）：65–71.

[24] 陈义勇，俞孔坚．古代“海绵城市”思想：水适应性景观经验启示 [J]. 中国水利，2015，（17）：19–22.

[25] 胡楠，李雄，戈晓宇．因水而变：从城市绿地系统视角谈对海绵城市体系的理性认知 [J]. 中国园林，2015，31（6）：21–25.

[26] 吕伟娅，管益龙，张金戈．绿色生态城区海绵城市建设规划设计思路探讨 [J]. 中国园林，2015，31（6）：16–20.

[27] 章林伟．海绵城市建设概论 [J]. 给水排水，2015，51（6）：1–7.

[28] 王宁，吴连丰．厦门海绵城市建设方案编制实践与思考 [J]. 给水排水，2015，51（6）：28–32.

[29] 俞孔坚，李迪华，袁弘，等 ．“海绵城市”理论与实践 [J]. 城市规 划，2015，39（6）：26–36.
[30] 吴艾欢 . 雨水系统优化及降雨径流全过程控制研究 [D]. 青岛：青岛理工大学，2018.